新能源学科前沿丛书之十三

邱国玉 主编

能源审计与能效管理

Energy Audit and Energy Efficiency Management

周吉萍 著

科学出版社

北京

内 容 简 介

本书从基本概念、发展现状、管理机制等方面系统详尽地阐述了能源审计与能效管理的相关知识。全书共分为九个章节，前三章对能源审计和能效管理的基本内容进行梳理，明确了“能源审计”与“能效管理”这两者的关系，指出能源审计是能效管理的重要环节，而能效管理是能源审计的主要目标；后六章则着重介绍了发达国家在能效管理实践中形成的包括节能自愿协议、合同能源管理、能效标准与标识、节能产品认证、电力需求侧管理和能效对标管理在内的六种主要模式，其良好的节能效果对我国能效管理机制的发展具有借鉴意义。

本书主要面向相关领域的科研人员、研究生、高校本科学生阅读参考。本书对于能源审计与能效管理所进行的系统地梳理，能够为科研工作者和决策部门在涉足能效管理相关领域时提供参考。

图书在版编目（CIP）数据

能源审计与能效管理 / 周吉萍著. —北京：科学出版社，2018.7
（新能源学科前沿丛书）
ISBN 978-7-03-057974-4

Ⅰ. ①能… Ⅱ. ①周… Ⅲ. ①企业管理-能源-审计 ②二氧化碳-排污交易-研究-中国 Ⅳ. ①F239.2 ②X511

中国版本图书馆 CIP 数据核字（2018）第 131403 号

责任编辑：刘 超 / 责任校对：彭 涛
责任印制：张 伟 / 封面设计：无极书装

科学出版社 出版
北京东黄城根北街 16 号
邮政编码：100717
http://www.sciencep.com
北京凌奇印刷有限责任公司印刷
科学出版社发行 各地新华书店经销
*
2018 年 7 月第 一 版 开本：720×1000 1/16
2025 年 1 月第四次印刷 印张：12
字数：237 000

定价：120.00 元

（如有印刷质量问题，我社负责调换）

致　谢

本书在实验、资料收集、数据解析、案例研究和出版等方面得到深圳市发展和改革委员会新能源学科建设扶持计划“能源高效利用与清洁能源工程”项目的资助，深表谢意。

作 者 简 介

周吉萍

毕业于中国石油大学（北京），获得应用化学博士学位，高级工程师，现在福田国家高技术产业创新中心工作。长期从事能源、新能源和节能减排领域的项目评审和产业研究，以及低碳城市和创新城市建设等方面的研究。参与超过千余项能源领域项目评估评审，有丰富的项目实践经验。主持过“深圳市碳排放交易试点项目”中国清洁发展机制基金赠款项目等多项国家、省、市级研究课题，获得广东省发展和改革委员会优秀研究成果二等奖和三等奖。

总　　序

至今，世界上出现了三次大的技术革命浪潮（图 1）。第一次浪潮是 IT 革命，从 20 世纪 50 年代开始，最初源于国防工业，后来经历了“集成电路—个人电脑—因特网—互联网”阶段，至今方兴未艾。第二次浪潮是生物技术革命，源于 70 年代的 DNA 的发现，后来推动了遗传学的巨大发展，目前，以此为基础上的“个人医药（Personalized medicine）领域蒸蒸日上。第三次浪潮是能源革命，源于 80 年代的能源有效利用，现在已经进入“能源效率和清洁能源”阶段，是未来发展潜力极其巨大的领域。

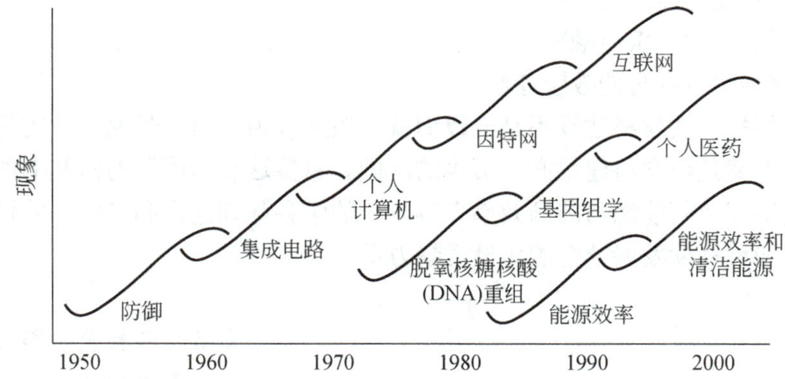

图 1　世界技术革命的三次浪潮

资料来源：http://tipstrategies.com/bolg/trends/innovation/

在能源革命的大背景下，北京大学于 2009 年建立了全国第一个“环境与能源学院（School of Environment and Energy)”，以培养高素质应用型专业技术人才为办学目标，围绕环境保护、能源开发利用、城市建设与社会经济发展中的热点问题，培养环境与能源学科领域具有明显竞争优势的领导人才。“能源高效利用与清洁能源工程”是学科是北大环境与能源学院的重要学科建设内容，也是国家未来发展的重要支撑学科。“能源高效利用与清洁能源工程”包括新能源工程、节能工程、能效政策和能源信息工程 4 个研究方向。教材建设是学科建设的基础，为此，我们组织了国内外专家和学者，编写了这套新能源前沿丛书。该丛书包括 13 本专著，涵盖了新能源政策、法律、技术等领域，具体名录如下：

基础类丛书

《水与能：蒸散发、热环境与能量收支》

《水环境污染和能源利用化学》

《城市水资源环境与碳排放》

《环境与能源微生物学》

《Environmental Research Methodology and Modeling》

技术类丛书

《Biomass Energy Conversion Technology》

《Green and Energy Conservation Buildings》

《城市生活垃圾管理与资源化技术》

《能源技术开发环境影响及其评价》

《绿色照明技术导论》

政策管理类丛书

《环境与能源法学》

《碳排放与碳金融》

《能源审计与能效管理》

众所周知，新学科建设不是一蹴而就的短期行为，需要长期不谢的努力。优秀的专业书籍是新学科建设必不可少的基础。希望这套新能源前沿丛书的出版，能推动我国在“新能源与能源效率”等学科的学科基础建设和专业人才培养，为人类绿色和可持续发展社会的建设贡献力量。

北京大学教授　邱国玉

2013 年 10 月

目　录

第 1 章　概述 1
1.1　基本概念 1
1.1.1　能源审计 1
1.1.2　能效管理 1
1.1.3　能源与经济发展 2
1.2　能源与碳排放 4
1.2.1　国内外碳排放现状及特点 4
1.2.2　能源使用与碳排放的关系 5
1.3　我国的能源管理体系 7
参考文献 9
第 2 章　能源审计 10
2.1　能源审计概念 10
2.1.1　能源审计产生的理论依据和审计目的 10
2.1.2　能源审计主体和客体 11
2.1.3　能源审计职能 11
2.2　能源审计发展概况 12
2.2.1　国外能源审计发展现状 12
2.2.2　国内能源审计发展现状 13
2.3　我国的能源审计制度 16
2.3.1　能源审计的相关法律法规 16
2.3.2　能源审计的管理流程 18
2.4　能源审计方法体系 19
2.4.1　企业能源审计的四个环节 19
2.4.2　企业能源审计的三个层次 20
2.4.3　企业能源审计的八个方面 20
2.5　能源审计面临的主要问题及其政策建议 22
参考文献 22

第 3 章 能效管理 …… 24
3.1 能效管理与能源审计的关系 …… 24
3.2 能效管理发展概况 …… 25
3.2.1 国外能效管理发展现状及经验 …… 25
3.2.2 国内能效管理发展现状及经验 …… 32
3.3 能效管理机制 …… 35
3.3.1 节能自愿协议 …… 35
3.3.2 合同能源管理 …… 36
3.3.3 能效标准与标识 …… 36
3.3.4 节能产品认证 …… 37
3.3.5 电力需求侧管理 …… 38
3.3.6 能效对标管理 …… 39
参考文献 …… 39
第 4 章 节能自愿协议 …… 40
4.1 节能自愿协议的概念 …… 40
4.1.1 节能自愿协议的概念 …… 40
4.1.2 节能自愿协议的类型 …… 41
4.1.3 节能自愿协议的特点 …… 43
4.1.4 节能自愿协议双方及其主要责任 …… 44
4.2 国外节能自愿协议的发展概况 …… 46
4.2.1 国外节能自愿协议的发展及现状 …… 46
4.2.2 节能自愿协议发展的国际经验 …… 48
4.3 国内节能自愿协议的发展概况 …… 50
4.3.1 国内节能自愿协议的发展及现状 …… 50
4.3.2 国内节能自愿协议的实践经验 …… 54
4.4 节能自愿协议的技术支持体系 …… 55
4.4.1 节能自愿协议的实施程序 …… 55
4.4.2 节能考核评价指标体系 …… 58
4.4.3 节能目标体系 …… 59
4.4.4 企业节能效益的综合评价方法 …… 61
4.5 节能自愿协议的政策支持体系 …… 65
4.5.1 相关法律法规 …… 65
4.5.2 财政金融优惠政策 …… 67
4.5.3 节能奖励 …… 68

4.6 节能自愿协议对节能和碳减排工作的影响 ………………………………… 69
4.6.1 国外节能减排效果分析 ………………………………………………… 69
4.6.2 国内节能减排效果分析 ………………………………………………… 70
4.7 节能自愿协议发展面临的主要问题及其政策建议 ……………………… 71
4.7.1 节能自愿协议发展面临的主要问题 ………………………………… 71
4.7.2 对节能自愿协议发展的政策建议 …………………………………… 72
参考文献 ……………………………………………………………………………… 72
第 5 章 合同能源管理 ……………………………………………………………… 75
5.1 合同能源管理的概念 ……………………………………………………… 75
5.1.1 节能效益分享型 ……………………………………………………… 76
5.1.2 节能量保证型 ………………………………………………………… 76
5.1.3 能源费用托管型 ……………………………………………………… 76
5.1.4 融资租赁型 …………………………………………………………… 76
5.2 国外合同能源管理的发展概况 …………………………………………… 78
5.2.1 国外合同能源管理的发展及现状 …………………………………… 78
5.2.2 合同能源管理发展的国际经验 ……………………………………… 80
5.3 国内合同能源管理的发展概况 …………………………………………… 81
5.3.1 我国“合同能源管理”的引入 ……………………………………… 81
5.3.2 “十二五”期间的发展 ……………………………………………… 82
5.4 合同能源管理的技术支持体系 …………………………………………… 82
5.4.1 节能量审核方法 ……………………………………………………… 82
5.4.2 管理信息平台 ………………………………………………………… 84
5.4.3 合同能源管理服务的评价 …………………………………………… 85
5.4.4 合同能源管理服务的认证技术 ……………………………………… 86
5.5 合同能源管理的政策支持体系 …………………………………………… 86
5.5.1 综合规定 ……………………………………………………………… 87
5.5.2 财政奖励 ……………………………………………………………… 87
5.5.3 税收优惠 ……………………………………………………………… 88
5.5.4 金融服务 ……………………………………………………………… 88
5.5.5 服务政府 ……………………………………………………………… 88
5.6 合同能源管理对节能和碳减排工作的影响 ……………………………… 90
5.6.1 对企业的影响 ………………………………………………………… 90
5.6.2 节能减排效果分析 …………………………………………………… 91
5.7 合同能源管理发展面临的主要问题及其政策建议 ……………………… 92

参考文献 ······ 94
第 6 章 能效标准与标识 ······ 96
6.1 能效标准与标识的概念 ······ 96
6.1.1 概念 ······ 96
6.1.2 分类 ······ 96
6.2 国外能效标准与标识的发展概况 ······ 99
6.2.1 国外能效标准与标识的发展及现状 ······ 99
6.2.2 能效标准与标识发展的国际经验 ······ 102
6.3 国内能效标准与标识的发展概况 ······ 103
6.3.1 国内能效标准与标识的发展及现状 ······ 103
6.3.2 国内能效标准与标识的实践经验 ······ 105
6.3.3 我国能效标准与标识发展的特点 ······ 106
6.4 能效标准与标识的技术支持体系 ······ 107
6.4.1 能效标准的制定 ······ 107
6.4.2 能效标识的种类 ······ 109
6.5 能效标准与标识的政策支持体系 ······ 109
6.5.1 相关法律法规 ······ 109
6.5.2 能效标识的监管机制及信息公开 ······ 110
6.6 能效标准与标识对节能和碳减排工作的影响 ······ 113
6.6.1 对终端节能的促进作用 ······ 113
6.6.2 节能减排效果分析 ······ 114
6.7 能效标准与标识发展面临的主要问题及其政策建议 ······ 115
6.7.1 编制节能标准体系 ······ 116
6.7.2 制度实施改进对策 ······ 116
参考文献 ······ 117
第 7 章 节能产品认证 ······ 118
7.1 节能产品认证的概念 ······ 118
7.1.1 概念 ······ 118
7.1.2 节能产品认证的基本条件 ······ 120
7.1.3 节能产品认证的程序 ······ 120
7.2 国外节能产品认证的发展概况 ······ 121
7.2.1 国外节能产品认证的发展及现状 ······ 121
7.2.2 节能产品认证发展的国际经验 ······ 122
7.2.3 国外节能产品认证发展的特点 ······ 123

7.3 国内节能产品认证的发展概况 ······ 124
7.3.1 国内节能产品认证的发展及现状 ······ 124
7.3.2 国内节能产品认证的实践经验 ······ 125
7.3.3 我国节能产品认证发展的特点 ······ 125
7.4 节能产品认证的技术支持体系 ······ 127
7.4.1 用能产品的能效标准化 ······ 127
7.4.2 产品的节能价值评价 ······ 129
7.4.3 节能产品的认证机构 ······ 131
7.5 节能产品认证的政策支持体系 ······ 132
7.5.1 相关法律法规 ······ 132
7.5.2 政策支持 ······ 134
7.6 节能产品认证的节能减排成效 ······ 138
7.7 节能产品认证发展面临的主要问题及其政策建议 ······ 138
参考文献 ······ 139
第 8 章　电力需求侧管理 ······ 140
8.1 电力需求侧管理的概念 ······ 140
8.2 电力需求侧管理的发展及现状 ······ 141
8.2.1 国外电力需求侧管理的发展及现状 ······ 141
8.2.2 电力需求侧管理发展的国际经验 ······ 143
8.3 国内电力需求侧管理的发展概况 ······ 144
8.3.1 国内电力需求侧管理的发展及现状 ······ 144
8.3.2 我国电力需求侧管理发展的特点 ······ 145
8.4 电力需求侧管理的政策支持体系 ······ 147
8.4.1 相关纲领性文件 ······ 147
8.4.2 激励机制 ······ 150
8.5 电力需求侧管理的技术支持体系 ······ 152
8.5.1 能源计量技术 ······ 152
8.5.2 电力用户负荷管理技术 ······ 153
8.5.3 蓄能技术 ······ 154
8.5.4 绿色照明技术 ······ 155
8.5.5 电动机系统节能技术 ······ 155
8.5.6 建筑节能技术 ······ 156
8.6 电力需求侧管理的节能减碳成效 ······ 156
8.7 电力需求侧管理发展面临的主要问题及其政策建议 ······ 157

8.7.1 主要问题……157
8.7.2 政策建议……158
参考文献……158
第 9 章 能效对标管理……160
9.1 能效对标管理的概念……160
9.1.1 概念……160
9.1.2 类型……160
9.2 国外能效对标管理的发展概况……162
9.3 国内能效对标管理的发展概况……164
9.3.1 国家层面……164
9.3.2 省级层面……165
9.3.3 行业层面……166
9.4 能效对标管理的技术支持体系……167
9.4.1 能效对标指标体系……167
9.4.2 能效对标评估体系……170
9.4.3 能效对标指标数据库和最佳节能实践库……170
9.4.4 “BMT 方法学”简介……171
9.5 能效对标管理相关法律法规……171
9.6 能效对标管理的节能减碳成效……173
9.6.1 国家层面的节能减碳成效……173
9.6.2 企业层面的节能减碳成效……174
9.7 能效对标管理面临的主要问题及其政策建议……174
9.7.1 主要问题……174
9.7.2 政策建议……175
参考文献……176

第1章 概 述

1.1 基本概念

1.1.1 能源审计

1. 能源审计概念

能源审计指用能单位自身或委托专门从事能源审计的机构，依据国家的能源政策、节能法规和用能标准，对能源使用的物理过程和财务过程进行审查、分析和评价，并提交审计报告的一项能源经济活动。

2. 能源审计类型

我国的能源审计，按照开展对象的不同可分为：①政府部门监管的能源审计，即国家和地方节能主管部门对用能单位的能源使用情况进行审计，这是我国现阶段能源审计的主要类型；②专门审计机构的能源审计，即用能单位委托专门从事能源审计的机构审查其能源使用情况，以确保审计过程的规范性和审计结果的有效性；③用能单位自身的能源审计，即用能单位内部设立能源管理体系，在国家能源法规和节能标准的指导下进行审计。按照信息要求的不同可分为：①初步能源审计，通过对现场和现有历史统计资料的简单了解，对用能单位能源使用仅作一般性的调查；②全面能源审计，这需要用能单位有比较健全的计量设施，足以对用能系统进行深入全面的分析与评价；③专项能源审计，对初步审计中发现的重点能耗环节，有针对性地进行能源审计。

1.1.2 能效管理

能效管理是在国家有关法律法规、用能标准的规定下，为降低能耗、提高能源利用效率，通过采取能效对标、节能监测、能量平衡和能源审计等一系列措施，对用能单位及用能设备进行的综合管理。

1.1.3 能源与经济发展

1. 国内外能源使用现状

（1）美、日、中三国能源使用现状

根据 2017 年 6 月发布的《BP 世界能源统计年鉴》，2016 年，美国的能源消费量为 2272.7Mt 石油当量，国内生产总值（gross domestic product，GDP）总量为 189 592.2 亿美元；日本的能源消费量为 445.3Mt 石油当量，GDP 总量为 43 480.5 亿美元；中国的能源消费量为 3053.0Mt 石油当量，GDP 总量为 119 684.1 亿美元。经计算可以得出，美国、日本和中国的单位 GDP 能耗分别为 1.20t 石油当量/万美元、1.02t 石油当量/万美元和 2.55t 石油当量/万美元。

表 1-1 呈现了美国、日本和中国的产业结构和重点领域耗能比例。从三次产业结构看，美国和日本的三次产业结构相似，第三产业占比都超过了 70%，中国第二、第三产业占比接近 1∶1；从各国工业、建筑和交通这三大领域的能源消费构成看，美国 50%以上的能源消耗来自交通领域，而日本与中国主要体现在工业领域。

表 1-1 美、日、中三国的产业结构和重点领域耗能比例 （单位：%）

国家	第一产业	第二产业	第三产业	工业	交通	建筑
日本	1.20	27.50	71.40	40.2	36.7	23.1
美国	1.20	19.10	79.70	22.6	54.3	23.1
中国	10.09	45.32	44.59	57.1	16.8	26.1

注：因数值取舍导致各项加和可能不为 100%，下同。

值得注意的是，美、日两国虽然产业结构相似，但能源强度差别较大。美国的能源主要消耗在交通领域，而日本主要是工业领域，前者的经济效益不及后者。日本能保持工业强度大但能源强度低的原因主要是其工业技术水平高，如果工业技术水平不高，大量的工业耗能，必然导致高能源强度，如同现阶段的中国工业能耗占 57.1%，单位 GDP 能耗达到日本的 2.5 倍。

（2）国内部分城市能源消费现状

据《BP 世界能源统计年鉴》，2016 年全球一次能源消费量为 13 276.3Mt 石油当量，中国以 3053.0Mt 石油当量，占比 23%，位居全球最大能源消耗国。

国内发达城市中，上海市、广州市、深圳市 2013 年的三次产业结构均以第三产业为主，万元 GDP 能耗分别为 0.55tce/万元[①]、0.48tce/万元和 0.43tce/万元。其中，深圳市以 6206.10 万 tce 的能耗创造了 14 500.23 亿元的产值，万元 GDP 能耗从 2010 年的 0.51tce 下降至 2013 年的 0.43tce，比同年上海市的数值低了 21.8 个百分点。从能源消费构成来看，对比三地的工业产值能耗发现，上海市的 0.82tce/万元远高于深圳市的 0.3tce/万元和广州市的 0.6tce/万元，这表明，上海市存在耗能企业过多或现有的生产技术和节能技术升级空间较小等问题。此外，上海市和深圳市虽然以第三产业为重点发展对象，但是相较于美国和日本的第三产业比例还有一定差距。

浙江省和福建省的万元 GDP 能耗分别为 0.500tce/万元和 0.584tce/万元，而山东省作为我国比较典型的工业发展省份，其万元 GDP 能耗高达 0.72tce/万元。将福建省和上海市的指标进行对比可以看出，福建省和上海市的能源消费量分别为 11 943.78 万 tce 和 11 703.67 万 tce，能源强度分别为 0.550tce/万元和 0.584tce/万元，但是其三次产业结构有很大的差异，所以产业结构并不是决定能源消耗的唯一因素，还可能与工业类型和工业生产技术水平等其他因素有关。

2. 能源使用与经济可持续发展的关系

能源经济问题的理论研究可以追溯到 20 世纪 70 年代罗马俱乐部的第一份研究报告——《增长的极限》，报告中强调的“经济增长和社会发展离不开能源的支持”这一理念开启了能源经济研究的新篇章。此后，学界对能源与经济增长关系的研究主要是根据经济增长理论建立模型，以考察能源约束下经济的可持续增长情况。Rashe 和 Tatom 于 1977 年首次将能源引入柯布-道格拉斯生产函数，力图找到能源消费与经济增长之间的基本规律，引起了人们广泛的关注。后来的经济学家采用计量方法来研究两者之间的关系：1992 年，Hwang 和 Gum 发现在我国台湾地区，能源与经济增长之间存在双向格兰杰因果关系；Stem（1993）采用基于四个变量（GDP、能源消费、劳动力、资本）的向量自回归（vector autoregression，VAR）模型，运用格兰杰多变量因果关系检验发现，美国 1947～1990 年存在从能源消费到 GDP 的单向格兰杰因果关系；Akinlo 在 2008 年考察了撒哈拉以南非洲 11 个国家和地区能源消费与经济增长之间的因果关系发现，能源消费对经济增长有显著的影响，在特定条件下，每个国家都应制定适当的节能政策；Nel 等在 2010 年利用历史演绎的方法提出了一个明确的能源经济增长模型，得出“目前的社会经济模式是不可持续的及能源安全至关重要”的结论。2011 年，Eggoh 等研究发现，减少能源消费会降低经济增长，反之亦然。

此外，部分国外学者通过协整技术来研究能源与经济增长的关系。协整技术

① tce 即吨标准煤。

是通过描述单个序列非平稳而这些序列的线性组合不随时间变化的性质，来研究变量之间的长期均衡关系，并通过误差修正模型来反映变量之间的关系偏离长期均衡状态时将其调整到均衡状态的调整速度，能更有效地分析变量之间的关系。2000 年，Yang 采用 1954～1997 年台湾地区的样本数据，运用协整技术分别分析了 GDP 和能源消费总量及各种能源（煤炭、石油、天然气、电力）消费之间的因果关系，发现 GDP 与它们之间不存在协整关系，但是分别与能源消费总量、煤炭、电力存在双向格兰杰因果关系，存在 GDP 到石油、天然气到 GDP 的单向格兰杰因果关系。2007 年，Mehrara 利用面板单位根和协整技术检验了 11 个石油输出国的人均能源消费和人均 GDP 之间的关系，结果表明，存在经济增长到能源消费的单向格兰杰因果关系。

国内研究方面，我国学者在探讨能源与经济增长的关系时所采取的研究方法也各有千秋。赵丽霞和魏巍贤（1998）将能源变量引入柯布-道格拉斯生产函数以研究经济增长与能源消费的关系，结果表明，中国经济的发展离不开能源。汪旭晖和刘勇（2007）的实证研究结果表明，在短期内，中国能源消费与 GDP 之间存在波动关系，但长期来看，能源消费与经济增长之间维持稳定均衡，并且存在从能源消费到经济增长的单向格兰杰因果关系。李晓嘉和刘鹏（2009）通过对中国能源消费与经济增长的协整分析表明，两者存在长期均衡关系，过去的经济增长主要依靠能源消费。余亚东等（2010）对 1982～2006 年中国经济的研究表明，经济增长的生态指数处在“国家标准值”和“警戒值”之间，而且“十五”期间的经济增长方式的健康程度比较差。张欣欣等（2011）通过格兰杰因果关系检验、协整检验及误差修正模型的研究表明，经济增长对能源消费存在显著的单向格兰杰因果关系，且两者存在长期均衡关系。张志新和任欣（2011）选取 1980～2008 年山东省的统计数据，利用协整理论和格兰杰因果关系检验分析了能源与经济增长之间的关系，结果显示，能源消费与经济增长具有长期相关关系，且存在双向格兰杰因果关系。

综上所述，不难得出“能源消费与经济增长存在密切的联系，能源消费能够促进经济可持续发展”的结论。

1.2 能源与碳排放

1.2.1 国内外碳排放现状及特点

从碳排放总量来看，2015 年，全球因能源消费而产生的二氧化碳排放仅增长了 0.1%。若不考虑 2009 年经济严重衰退这一非正常因素，这是二氧化碳排放量自 1992 年以来的最低增速。而增速放缓主要得益于能源消费增长放缓和全球能源结构转型（其中，全球煤炭消费放缓被天然气和非化石燃料增长部分抵消）。2015 年，中国能源消费增长了 1.5%，增速不到过去十年平均水平（5.3%）的 1/3，是自 1998 年以来的最低值。煤炭作为中国能源消费的主导燃料，占比为 64%，也达到了历史最低值。同年，我国二氧化碳排放降低了 0.1%，这是自 1998 年以来首次出现负增长，不仅远低于 4.2%的十年平均水平，也低于 0.1%的全球平均增长水平。

从各个细分领域来看，1980～2012 年，我国燃煤电厂的供电标准煤耗值从 448g/kW·h 降低至 325g/kW·h，累计降幅约为 27%。2014 年，全国 6000kW 及以上火电机组供电标准煤耗为 318g/kW·h，同比下降 3g/kW·h，比 2005 年下降了 52g/kW·h，煤电机组供电标准煤耗继续保持世界先进水平。同年，纺织业的碳排放强度为 0.447 万 t 碳排放/亿元产值，与 2010 年相比，下降了 9.41%。

2001～2013 年，北方城镇建筑供暖面积从 50 亿 m^2 增长至 120 亿 m^2，增加了 1.4 倍，而能耗总量增长不到 1 倍，即能耗总量的增长明显低于建筑供暖面积的增长。平均单位面积供暖能耗从 2001 年的 22.8kgce/$m^2$①降低至 2013 年的 15.1kgce/m^2，降低了 34%。

2013 年，粗钢产量增加了 6.57%，总用能量仅增加了 4.47%，吨钢综合能耗下降至 591.7kgce/t，同比下降了 1.98%；2014 年粗钢产量增加了 5.6%，但总用能量仅增加了 4.35%，吨钢综合能耗下降至 584.7kgce/t，同比下降了 1.19%。

2014 年，石油化工行业万元工业增加值能耗比 2005 年累计下降 48.36%，比 2010 年累计下降 7.98%。同年，乙烯综合能耗为 816.3kgce/t，同比下降 2.3%；烧碱综合能耗为 374.1kgce/t，同比下降 2.3%；电石综合能耗为 1010.2kgce/t，同比下降 3.1%；纯碱综合能耗为 316.7.3kgce/t，同比下降 1.6%，行业能耗水平显著降低。

2014 年，国家铁路能源消耗折算标准煤为 1652.6 万 t，比上年下降 4.6%。单位运输工作量综合能耗换算为 4.51tce/（百万 t·km），下降 2.6%。2015 年，国家铁路能源消耗折算标准煤为 1569.47 万 t，比上年降低 5.0%。单位运输工作量综合能耗换算为 4.68tce/（百万 t·km），增长 2.9%。

1.2.2 能源使用与碳排放的关系

当前世界能源应用还是以石油、天然气和煤炭等化石能源为主，水电和风电

① kgce 即千克标准煤。

等可再生能源的比例相对较低。但化石能源是不可再生的耗竭性资源，也是温室气体的主要来源，减少二氧化碳排放的关键是要控制化石能源的消耗。随着各国经济快速发展和能源消耗的不断增加，二氧化碳排放量由 1990 年的 206.2 亿 t 快速增加至 2013 年的 321.9 亿 t，增长了 56.1%，年均复合增长率为 2%。2012 年是《京都议定书》规定的第一期发达国家碳减排考核结束期，缔约国的碳排放从 1990 年的 137.2 亿 t 下降至 2012 年的 128.8 亿 t，下降了 6.1%，总体上超额完成了碳减排任务，但不同国家之间差别很大。

从地区来看，欧洲地区实现了碳排放总量的下降，从 40.2 亿 t 下降至 34.2 亿 t，降幅为 14.9%，总量和降幅均得到了较好的控制，而北美地区的碳排放则增长了 12%；非经济合作与发展组织（Organization for Economic Co-operation and Development，OECD）国家碳排放总量虽然在 1990 年比 OECD 国家低，占世界碳排放总量的 43.6%，但由于增速较快，2015 年出现反超，到 2013 年已经达到 190.5 亿 t，占世界碳排放总量的 59.8%。从具体国家来看，各国的碳排放量也有很大差别，根据国际能源署（International Energy Agency，IEA）统计，中国从 2006 年开始成为全球碳排放最多的国家，并且保持较快的增长速度，到 2013 年达到 90.2 亿 t，是 1990 年的 3 倍，占全球碳排放总量的 43.86%；排在第二位的是美国，碳排放总量为 51.2 亿 t，比 1990 年增长了 6.6%，在碳排放大国中控制效果较好；德国、加拿大也在近年有所下降；印度的碳排放总量相对较低，2013 年只有 18.7 亿 t，但增长速度也比较快，是 1990 年的 2.5 倍；此外，沙特、韩国、伊朗等国的碳排放增长速度也比较快。

从 20 世纪 90 年代开始，各国为了避免因为控制碳排放而影响经济的正常增长，纷纷采取节能减排措施，降低碳排放强度。世界碳排放强度从 1990 年的 6.7t 二氧化碳/万美元下降至 2013 年的 5.7t 二氧化碳/万美元，降幅为 14.9%。其中，OECD 国家碳排放强度较低，仅为 3t 二氧化碳/万美元，而非 OECD 国家则达到了 12t 二氧化碳/万美元，但下降幅度都超过 25%。从区域来看，欧洲地区碳排放强度最低，只有 2.2t 二氧化碳/万美元，下降幅度也比较大。

大部分发展中国家现阶段尚处于工业化发展进程中，尤其是中国和印度等人口大国，经济发展速度较快，以重化工业为主的产业结构特征使得能源消耗迅速增长，不可避免地排放大量温室气体。因此，各国尤其是重化工业占比较高的国家要及时调整产业结构，促进产业结构升级，具体可从以下三个方面入手：一是研究设计税收政策，逐步限制和淘汰高碳产业和高碳产品，完善能源税收征管制度，适当提高能源税收水平，建立能源消费甄别体系，对高耗能的产业和消费领域，实行差别化税收，促进能源的节约生产和消费；并综合运用行政、财税、金融和法律等手段鼓励发展节能工业，扶持低碳产业和低碳产品，提高低碳产业和低碳产品竞争力，使低碳产业成为产业结构升级的重要推动力；二是通过国际能源组织、行业协会和学术交流平台，协调各国制定能源发展中长期发展规划，规范能源企业竞争秩序，实现有序勘探和节约开采，提高能源企业生产效率和管理水平，避免能源生产、运输过程中的浪费和对环境造成的破坏；三是完善世界能源交易机制，理顺能源价格体系，减少寡头和金融资本对能源价格的操控，实现全球能源价格的稳定。

1.3　我国的能源管理体系

根据《能源管理体系要求》（GB/T 23331—2012/ISO① 50001：2011）的定义，能源管理体系（energy management system，EnMS）指用于建立能源方针、过程和程序以实现能源目标的一系列相互关联或相互作用的要素的集合。其运行采用 PDCA 模式，即“策划—实施—检查—改进”模式（图 1-1）。

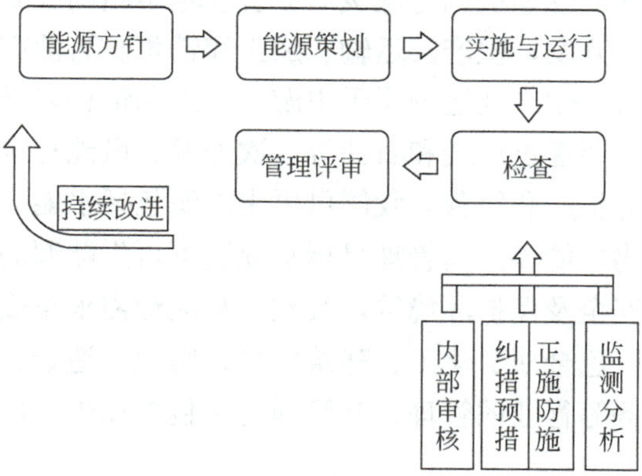

图 1-1　PDCA 模式

从宏观层面看，能源管理体系包括能源管理体制、能源战略管理、能源法规政策管理和能源统计管理。其中，能源管理体制是国家进行能源管理的组织形式和制度的反映，是行政管理体系的一部分，其作用主要表现为能源发展领域的宏观调控、能源市场运行的监管及能源产业的发展，我国能源管理体制详细参见第 3 章；根据《中国（的能源政策）（2012）白皮书》，我国能源战略管理的任务是维护能源资源长期稳定可持续利用，能源发展方针共八项，具体为节约优先、立足国内、多元发展、保护环境、科技创新、深化改革、国际合作和改善民生；能源法规政策是能源管理的重要手段，具体包括：①根本法，如《中华人民共和国

① 国际标准化组织（International Organization for Standardization，ISO）。

宪法》；②能源法律，如《电力法》《煤炭法》《中华人民共和国节约能源法》《可再生能源法》；③能源法规，如《电力监管条例》《能源效率标识管理办法》《关于发展热电联产的规定》和《民用建筑节能管理规定》等；④地方性能源法规和地方性能源规章；⑤相关法规中的能源条款；⑥能源标准，特别是技术法规的强制性标准，如《能源管理体系要求》（GB/T 23331—2012/ISO 50001：2011）（邓玉勇，2016）；能源统计管理是能源管理的必要基础，是用能单位内部能源产出与消耗的一种核算机制，其研究对象为全社会的能源利用问题，研究方法运用统计学原理（李景仪等，2016）。

从产业层面看，首先，从能源供给角度来讲，我国能源管理体系包括煤炭产业管理、石油天然气产业管理、电力产业管理和可再生能源产业管理等。其中，煤炭产业管理的主要内容为通过市场运作及政府关于煤炭产业政策和政府规划的引导，对煤炭产业布局进行调整，优化煤炭产业结构，延伸煤炭产业链，提高煤炭产业市场集中度和淘汰落后产业等；而石油天然气产业管理、电力产业管理和可再生能源产业管理的管理机制与煤炭产业管理基本相同。石油天然气产业包括石油天然气的探勘、开发、生产及运输、加工和销售及石油产品的集合。其中，勘探和开发属于上游，生产及运输属于中游，加工和销售属于下游。电能属于二次能源，电力产业主要通过煤炭和石油等一次能源、风能与水能等可再生能源及核能的消耗进行电力生产和经营。我国可再生能源包括水能、风能、太阳能、海洋能、地热能和生物质能等，其管理目标是促进可再生能源的开发利用，增加能源供应，保障能源安全及保护环境等。其次，从能源需求角度来讲，我国能源管理体系包括钢铁、有色金属、化工、建筑材料、纺织、造纸、机械制造、交通运输、公共机构及服务等行业的管理，其管理已经包含在供给部门产业链中，这里不再做阐述。

从企业层面看，企业的能源管理主要包括采购、储存管理、计量与检测管理、能耗定额与考察管理、节能管理和信息化管理。其中，企业能源采购首先要进行需求分析，形成需求计划，结合相应的企业经营目标和能源管控目标，最后确认所需能源数量最小值并进行采购；企业能源储存管理包括能源数量、质量、安全和输配使用的管理；计量与检测管理主要是通过建立能源计量体系，对能源供应、加工转换、传输分配和消费情况等进行监测；能耗定额与考察管理主要是通过技术、测量和统计等方法核定能耗定额，并依据能耗考察结果进行奖励和惩罚，能耗定额是能效对标机制的组成部分之一；我国企业节能管理详见第 4～第 9 章；企业能源信息化管理主要是通过现场数据的收集和整理、计算机的运用和数据库的建立等措施，实现企业能源消耗情况的透明化、能源使用效率的提高和成本的降低，从而增强企业市场竞争力。

2014年5月，国家认证认可监督管理委员会、国家发展和改革委员会联合发布了《能源管理体系认证规则》公告，旨在促进能源管理体系建设，规范能源管理体系认证活动，不断提高企业的能源管理水平，充分发挥认证认可对节能减排工作的推动作用。2016年10月27日，国务院印发《"十三五"控制温室气体排放工作方案》，其主要目标之一是能源体系转型要取得积极成效；加强能源碳排放指标控制、大力推进能源节约、加快发展非化石能源和优化利用化石能源是控制温室气体排放工作的重要内容。可见，我国能源管理体系与当前节能减排工作息息相关。

参考文献

邓玉勇. 2016. 能源管理学. 太原：山西经济出版社.

李景仪，杜文伟，张万路. 2016. 正确理解能源计量与能源统计之区别. 中国计量，(9)：38-39.

李晓嘉，刘鹏. 2009. 中国经济增长与能源消费关系的实证研究——基于协整分析和状态空间模型的估计. 软科学，23 (8)：61-64.

汪旭晖，刘勇. 2007. 中国能源消费与经济增长：基于协整分析与Granger因果检验. 资源科学，29 (5)：57-62.

余亚东，胡山鹰，陈定江，等. 2010. 中国1982—2006年间的经济增长生态指数. 清华大学学报（自然科学版），(6)：881-886.

张欣欣，刘广斌，蔡璐. 2011. 基于Granger检验的中国能源消费和经济增长关系研究. 山西财经大学学报. S1：26-27.

张志新，任欣. 2011. 能源消费与经济增长的关联分析——基于山东省1980—2008年相关数据实证研究. 经济问题，(10)：16-19.

赵丽霞，魏巍贤. 1998. 能源与经济增长模型研究. 预测，(6)：32-34.

第2章 能源审计

2.1 能源审计概念

能源审计的定义如第1章1.1.1小节所述，是一种加强企业能源科学管理和节约能源的有效手段和方法，具有很强的监督与管理作用。能源审计按空间范围划分，有宏（中）观能源审计与微观能源审计之分，以下能源审计理论各要素的分析中会分别从宏观能源审计和微观能源审计两个方面展开论述。

2.1.1 能源审计产生的理论依据和审计目的

审计的理论依据即审计的客观基础，一种审计类别的产生和发展源于社会经济生活的某种需求。换言之，审计结果使用者对审计的某种需求决定了审计的产生，不同的审计客观基础往往指向不同的审计结果使用者，他们对审计结果产生的信息有不同的需要，由此产生不同的审计目的，所以审计的客观基础与审计目的是紧密相连的。

从宏观来说，能源审计的目标是检查各级政府和公共机构能源使用责任的履行情况。宏观经济活动的主体一般是各级政府或公共机构，其受托拥有部分或大量公共资源（包括国有资产及其他社会公共资源）的管理、使用和经营权，因此，对国家、社会公众承担相应的公共资源责任。最高审计机关国际组织（INTOSM）《国际政府审计准则》第20条指出："随着公共觉悟的提高，对管理公共资源的个人或单位的公共责任要求已越来越明确，因此，更有必要确立责任的程序并使之行之有效。"这种公共资源责任的存在就带来一种需求，即国家和社会公众对各级政府和公共机构履行公共资源责任情况的检查监督的需求，也就是国有资产和其他公共资源是否得到良好的（经济、有效、节约）经营、管理和使用。这种需求是通过审计来满足的，即由国家审计机关对各级政府和公共机构进行宏观（中观）的审计，向国家和社会公众提供他们所需要的信息。具体来说，宏观能源审计的前提是国家法律法规和政策中明确规定由相关的政府机构来管理和利用能源，并且已明确了其具体的职责，这样在进行能源审计评价时才有执行依据和参照标准。

从微观来说，能源审计的目的是改善经济组织能源利用的投入产出关系，检查其能源使用的合规性。一个目的是针对某项（类）具体能源综合利用效益的测算、评价，审计方法是从指标上加以验证。例如，反映能源（实质是一种劳动对象）综合利用效益的综合能耗指标，能够证实某项（类）能源的总体利用效益的高低，通过分析审查原因，也能指出其升降的主要影响因素和每个因素影响的程度。另一个目的则是检查对某项（类）能源的具体开发利用程度，其目的是验证某类能源共耗费多少，其中，真正用于生产经营用途、创造经济效益的有多少，剩余的浪费了多少。这类审查有利于揭示、消除能源利用的损失和浪费，有较强的实践意义。应该注意，以上两个审计目的在能源利用效益审计项目中并不是孤立的，前者是后者的综合表现，后者则是前者变动的主要影响因素。

2.1.2 能源审计主体和客体

对宏观能源审计而言，其主体是国家审计机关，这是由宏观能源效益审计所体现的审计关系决定的。根据上述客观基础的分析，审计的授权人是国家、政府或社会公众，而被审计对象是政府或公共机构，这要求审计主体有一定的管理层次和权威性，由社会审计或内部审计来承担宏观能源审计是不合适的。其客体理论上应该包括能源技术系统（ETS）的各项组成内容，但由于受到法律授权和审计手段等各种审计环境因素的制约，目前实践中一般只对与能源有关的财政收支及对宏观能源效益有直接影响的经济活动进行审计，如对重要自然资源的开发利用计划及利用效果的审计。对微观能源审计而言，其是通过对具体的组织或项目能源利用的合理性、合规性、有效性、节约性进行审计，以提出哪些环节存在改善能源管理、降低能源消耗、增加收益的机会和潜力，因此，审计主体可主要由内部审计来承担，社会审计人员有时也以管理咨询的方式参与。而客体则包括对企业内部控制、企业能源消耗和企业节能情况的一系列审查。

2.1.3 能源审计职能

仅就宏观能源审计而言，从控制经济运行风险这一审计目的出发，可以得出其主要职能并非监督，而是经济评价和信息反馈。一方面，能源政策的制定和实施及与能源有关的财政收支活动的主体一般是政府部门或公共机构，被审计对象的层次比较高；另一方面，由于我国作为审计主体的国家审计机关只代表政府利益，向政府报告审计结果，能源决策合理性和有效性的评价缺乏客观的绝对标准，难以监督，只能对其进行相对的比较和评价，并将评价意见反馈给政府有关部门，为其提供信息。不同于我国的是，国际范围内宏观能源审计的主体却更多地代表国家和社会公众的更高利益。从理论上讲，审计结果应该直接向国家的最高权力机关报告，其审计职能应该是以评价为基础进行监督，因此，我国能源审计职能还有待进一步完善。

2.2 能源审计发展概况

2.2.1 国外能源审计发展现状

20 世纪 70 年代发生在美国的能源危机，直接导致后来的 10 年里工业能源使用成本增加了 6 倍，而阿拉伯国家实行的石油禁运政策，使得能源短缺成为现实。能源成本备受关注，在原有能源供应受到限制、能源价格面临上涨的双重障碍下，过度依赖进口石油会加剧外汇账户失衡，因此，必须加强能源保护。能源保护不仅是一个经济问题，也是一个政治问题。很多公司也逐渐意识到，在能源成本高企的境况下，通过控制能源成本、制定长远规划来实施能源保护对公司来说命运攸关。当大部分公司都产生了控制能源成本的需求时，开展能源审计的会计机构和公司内部审计机构应运而生，这就是能源审计的起源。

20 世纪七八十年代以来，美国、英国、联合国开发计划署（United Nations Development Programme，UNDP）、亚太经济与社会理事会（Economic and Social Commission for Asia and the Pacific，ESCAP）、亚洲开发银行（Asian Development Bank，ADB）和欧盟委员会（European Commission，EC）等西方发达国家和国际组织都逐步开展了能源审计工作，主要体现在安排节能项目时，取得节能贷款的企业必须进行能源审计，以确定节能项目的节能效益，提高节能资金的使用效率。例如，英国利用能源审计调查行业和企业的能源利用状况，挪威和瑞典进行了能源环境审计，丹麦、荷兰、韩国和日本也都进行了能源审计等。

在国外众多开展能源审计的国家中，英国的能源审计工作最具特色，规模也最大。20 世纪 70 年代开始，英国政府制定和实施多次推进节能的政府支持计划，把能源审计作为一项基础性工作，并给予大量的资金补助。由于能源审计既是政府掌握能源使用方面的信息进行宏观指导的根据，又是企业申请节能示范项目或其他节能补助的依据，并且没有增加企业负担，能源审计深受企业欢迎，政府也对这一工作评价很高，产生了很好的社会效应。在 20 世纪 80 年代，全英国 9 万多家企业中，有 4 万多家企业进行了初步能源审计，其中，有 2000 多家企业还进行了详细能源审计。同时，能源审计还动员了广大的社会节能技术力量，期间培训了成千上万的能源经理和专业人才。英国商务能源与工业战略部（原英国能源和气候变化部）认为，正是进行了大规模的能源审计，才使得英国在经济增长的情况下，国内能源消费量却逐年下降。

除英国外，美国、法国和荷兰等西方国家都在不同程度上开展了类似的工作。日本进行了“能源诊断”，由世界银行和 ADB 将能源审计的结果作为批准援助项目或工业节能贷款项目的先决条件。而美国也开展了数项有关工业能效的项目，如“现在就节能”（save energy now）和“能源之星”（energy star）等。美国进行能源审计的政府机构主要有政府问责局（General Accounting Office，GAO）、国家环境保护局（United States Environmental Protection Agency，USEPA）和能源部（Department of Energy，DOE）。GAO 在 1978 年设立了环境审计机构，其中包括自然资源利用与环境保护司，内设环境资金审计处和环境绩效审计处。而作为联邦一级权力机构的 EPA，其工作重心在于制定具体的指导准则和方针，同时鼓励公司进行自愿的能源审计，主张美国各州的公司使用能源审计作为公司管理的工具，审计范围包括土地、水资源、矿产、沼泽、森林和电力等各种能源。DOE 自 1974 年开始就依托高校开展能源评估工作，目前已有 26 个战略性的工业评估中心分布于全美国，并且 DOE 提供经费激励企业能源审计，全年在全美各地举办能源审计的培训，其工业技术项目为能源审计提供政策指导和整体管理服务，其经费支持两类公司进行能源审计，即参与“现在就节能”计划的公司和未承诺节能但能耗高、有节能潜力的公司。

2.2.2 国内能源审计发展现状

我国开展企业能源审计活动已经有 30 多年的历史。1983 年，国家经济贸易委员会曾组织进行过能源审计的研究和试点。到 1985 年，已经有了相当多的试点实践经验和相应的培训资料与教材。UNDP、ESCAP、日本通产省省能中心和 ADP 等机构都在国内举办过不同的企业能源审计培训。1993 年，国家经济贸易委员会资源节约综合利用司组织制定了企业能源审计管理条例草案。1998 年，国家技术质量监督局组织制定了《企业能源审计技术通则》（GB/T 17166—1997）国家标准。在过去的三十余年中，我国的能源审计历经了四个不同时期，每个时期的目标和做法各有不同。

（1）能源绩效评估（20 世纪 80 年代至 90 年代初期）

这一阶段，我国企业的管理并非市场导向，而是仰赖政府每年对企业进行考核以对其实施管理。考评企业能源绩效是企业整体考核制度的一部分，每个企业都要接受能效考核。在这一时期，能源审计是政府用以了解企业能源绩效的一个有效工具，评估内容包括生产运行过程的能源流向、能耗总量、重点产品的单位能耗及能源管理的实践。政府依据能源审计结果，并综合其他管理因素，来评定企业的整体绩效。1993 年，我国实现向市场经济的转型，将政企分开，从而结束了大规模的以考核企业绩效为目的的能源审计。然而，1980 年大力推动的包含能源审计在内的节能举措，使得我国在实现国内生产总值增长 4 倍的同时，能耗仅增加 2 倍，节能效果可圈可点。

（2）能源系统诊断（20 世纪 90 年代至 21 世纪初期）

这一时期，我国能源审计侧重于政策制定与引导，以及实施能源审计示范项目。为提供有效引导，1997 年国家经济贸易委员会颁发了《重点用能单位节能管理办法》，并对制定企业能源利用状况报告制度展开研究。国家经济贸易委员会与国家技术监督局共同撰写并公布了国家标准《企业能源审计技术通则》（GB/T 17166—1997），规定自 1998 年 10 月 1 日起，我国的能源审计广泛采用这一标准。在此期间一些省市开始进行能源审计试点，河南省南阳市能源监测所开展的地方能源审计工作就是一个典型案例，1990～2003 年，南阳市能源监测所在 9 个不同类型行业的工业企业中进行了 300 多项综合的能源审计，推进了 4000 多项节能措施，并在全国培训了 400 多人，能源审计业绩显著。在此期间，地方节能中心或节能监察中心也开始负责测试与监测重要能耗设备的运行情况及测查能源计量装置的准确度。

（3）清洁生产审核（2003 年迄今）

2003 年生效的《清洁生产促进法》，要求污染程度超过政府规定限制的企业生产过程中使用有毒有害材料或排放有毒有害物质的工业设施，至少每五年要进行一次清洁生产审核。2004 年国家发展和改革委员会与国家环境保护总局共同颁布了《清洁生产审核暂行办法》，为企业清洁生产审核的范围与程序提供了详细指引。虽然这些审计的目的在于减少污染，但重点却放在引发污染的能源使用与能源系统的运行上。依据规定，企业在参与清洁生产审核时，必须要进行投入产出分析并做到物料平衡、能源平衡、水平衡、污染因子平衡，以寻找能源浪费、物料损失与污染的来源。清洁生产审核可由企业自己来做，或交由地方清洁生产中心、行业协会或有资质的工程公司进行。大规模的企业清洁生产审核与后续实施的清洁生产措施，让我国在降低能耗与减少污染方面，获得了惊人成效。根据环境保护部的统计数据，截至 2008 年底，全国有超过一万家工业企业完成清洁生产审核，这些企业横跨钢铁、有色金属、印染、纺织、造纸、电力、石油、化学、建筑材料、杀虫剂、电镀及制造业。2006～2008 年，大规模的清洁生产项目使我国节省了 90 亿度电与 1500 万 t 煤，同时大大降低了环境污染与能源浪费。

（4）实现节能目标的能源审计（2006年至2010年）

2002～2005年，因为能源供应盈余与能源密集型的重工业快速扩张，我国节能工作有些弱化，能源审计也变得不太受重视，结果是能源强度并未像前几年那样有所改进，相反这几年间反而每年平均增长3.8%。2005年，在“十一五”规划中政府宣布要在2010年底将单位GDP能耗降低20%。“千家企业节能行动”计划是实现该目标的重点工程之一，该项目从2006年展开，对象是横跨9个行业的1008家能耗最大的企业，每家企业年能耗至少18万tce，这些企业的能耗为中国能耗总量的1/3，约占整个工业能耗的一半。要完成分配的节能目标，千家企业必须要完成六方面的任务，其中之一是进行能源审计并据此制定节能计划。这种政府主导的能源审计每家企业至少需要做一次。审计内容包括分析企业能耗现状，评估企业能源计量、统计和报告系统，考核用能设备运行效率，评估产品与生产能耗指标和制定节能措施实施计划等。

2010年后，各地区政府逐渐开展能源审计工作，下面以北京市为例介绍这一方面的工作。

为加强北京市公共建筑节能管理，降低公共建筑能耗，北京市政府办公厅于2013年发布了《北京市公共建筑能耗限额和级差价格工作方案》，旨在通过节能目标考核和价格杠杆调节实现对公共建筑能耗的限额管理。2014年，北京市发布实施《北京市民用建筑节能管理办法》（市政府令第256号），从法规层面进一步强化了公共建筑能耗限额管理工作。随后北京市住房和城乡建设委员会联合市发展和改革委员会于2014年11月18日共同发布了《北京市公共建筑电耗限额管理暂行办法》，对3000m^2以上且公共建筑面积超过单体建筑面积50%的公共建筑的信息采集、电耗限额确定和考核进行了明确的规定。

按照北京市政府令第256号要求，单体建筑面积在2万m^2以上的大型公共建筑业主应报告能源利用状况。其中，年度能源利用状况报告显示建筑物能源利用状况明显异常，或者超过公共建筑年度能耗限额20%的，北京市住房城乡建设行政主管部门应当责令该公共建筑的所有权人实施能源审计。

2016年7月28日，北京市住房和城乡建设委员会、北京市发展和改革委员会联合发布了《关于加强我市公共建筑节能管理的通知》（简称《通知》），151家单位因连续两年超过电耗限额20%，被强制实施能源审计；2016年9月18日，两委又联合印发了《关于对2015年度公共建筑电耗限额管理考核优秀建筑的通报》（简称《通报》），342栋建筑因2015年实际用电降低率居全部考核对象的前5%，被评为考核优秀建筑，其中，14栋建筑2014年、2015年连续两年被评为考核优秀建筑。

《通知》公布的第一批共计151家2014年、2015年连续两年超限额20%的公共建筑和用能单位，建筑的产权单位、运行管理单位、实际使用单位应当进行能源审计，并依据审计结果加强节能管理和实施节能改造。能源审计的标准按照《公共建筑能源审计技术通则》（DB11/T 1007—2013）进行简单审计。

《通报》所涉及的 226 家单位 342 栋考核优秀建筑，2015 年实际用电降低率居于全部考核对象的前 5%，建筑电耗降低明显，节能管理工作效果显著。《通报》也希望这些考核优秀建筑继续做好节能工作，用实际行动和节能数据说话，进一步在节能方面对全市公共建筑起到标杆模范作用。

由上述案例可以看出，我国现阶段节能法规建设和法治管理正在逐步加强，节能技术服务的市场机制正在形成，能源审计相关法律、技术体系正在健全。“十三五”期间，同时具有监管职能、公证职能和服务职能的能源审计工作，将为节能减排发挥更加积极的作用。

2.3　我国的能源审计制度

2.3.1　能源审计的相关法律法规

《中华人民共和国节约能源法》为企业开展能源审计工作提供了法律依据。对企业而言，施行节能措施的前提是进行能源审计，通过能源审计，对企业整个生产过程的能源利用情况进行详细的调查分析，找出高能耗的原因，提出节能措施并加以实施。因此，进行能源审计是企业开展节能的前提和主要途径。

1999 年 3 月 10 日国家经济贸易委员会发布的《重点用能单位节能管理办法》中规定，年综合能源消费量在 1 万 tce 以上（含 1 万 tce，下同）的用能单位为重点用能单位，应该建立能源消费统计和能源利用状况报告制度。重点用能单位应指定专人负责能源统计工作，建立完整的原始记录和统计台账。重点用能单位应在每年 1 月底前向主管的经济贸易委员会报送上一年度的能源利用状况报告。报告应包括能源购入、能源加工转换与消费、单位产品能耗、主要耗能设备和工艺能耗、能源利用效率、能源管理、节能经济效益分析和预测能源消费等内容。

2004 年《国家发展和改革委员会关于印发节能中长期专项规划的通知》（发改办环资〔2004〕2505 号）中规定，落实《重点用能单位节能管理办法》和《节约用电管理办法》，加强对年耗能在 1 万 tce 以上的重点用能单位的节能管理和监督。组织对重点用能单位能源利用状况的监督检查和主要耗能设备、工艺系统的监测，定期公布重点用能单位名单、重点用能单位能源利用状况及与国内外同类企业先进水平的比较情况，做好对重点用能单位节能管理人员的培训。重点用能单位应设立能源管理岗位，聘用符合条件的能源管理人员，加强对本单位能源利用状况的监督检查，建立节能工作责任制，健全能源计量管理、能源统计和能源利用状况分析制度，促进企业降耗水平的提高。

2006 年 1 月 1 日起施行的《国务院关于加强节能工作的决定》中规定，要为固定资产投资项目建立节能评估和审查制度。有关部门和地方人民政府要对固定资产投资项目（含新建、改建和扩建项目）进行节能评估和审查。对未进行节能审查或未能通过节能审查的项目一律不得审批、核准，从源头杜绝能源的浪费。对擅自批准项目建设的，要依法追究直接责任人的责任。

2006 年颁布的《国家发改委办公厅关于印发企业能源审计报告和节能规划审核指南的通知》（发改办环资〔2006〕2816 号）中规定，根据《千家企业节能行动实施方案》的要求，为指导千家企业开展能源审计和编制节能规划，并规范相关审核工作，现将《企业能源审计报告审核指南》和《企业节能规划审核指南》印发给你们，请在审核工作中参照执行。在该通知中，把企业能源审计报告的有关审核内容和企业节能规划审核的主要内容进行了统一规定，为开展企业能源审计提供了具体的操作依据。

2007 年《国务院关于印发节能减排综合性工作方案的通知》（国发〔2007〕15 号）中规定：加快建立项目节能评估和审查制度，组织编制《固定资产投资项目节能评估和审查指南》，加强对地方开展“能评”。“十一五”期间全国千家重点耗能企业实现节能 1 亿 tce，每年实现节能 2000 万 tce。加强对重点企业节能减排工作的检查和指导，进一步落实目标责任，完善节能减排计量和统计，组织开展节能减排设备检测，编制节能减排规划。重点耗能企业建立能源管理制度，实行重点耗能企业能源审计和能源利用状况报告及公告制度。对未完成节能目标责任任务的企业，强制实行能源审计。

目前，我国还未建立起一套完整的能源审计的标准，以下列举了一些近年来出台的与能源审计相关的标准：

《企业能量平衡通则》（GB/T 3484—2009）

《节能监测技术通则》（GB/T 15316—2009）

《设备热效率计算通则》（GB/T 2588—2000）

《综合能耗计算通则》（GB/T 2589—2008）

《企业能耗计量与测试导则》（GB/T 6422—86）

《企业节能量计算方法》（GB/T 13234—2009）

《工业企业能源管理导则》（GB/T 15587—2008）

《企业能量平衡表编制方法》（GB/T 28751—2012）

《评价企业合理用热技术导则》（GB/T 3486—1993）

《评价企业合理用电技术导则》（GB/T 3485—1998）

《节水型企业评价导则》（GB/T 7119—2006）

《企业能源审计技术通则》（GB/T 17166—1997）

《用能单位能源计量器具配备和管理通则》（GB/T 17167—2016）

2.3.2 能源审计的管理流程

能源审计的全过程，大体可以包括四个阶段：

1）选择审计对象。一般选择在国民经济中具有重要地位和重大影响的、能源消耗量大或者已经有迹象表明能源使用和管理效率低下的项目；或者通过经常性财政财务收支审计，将对其经济效益和内部管理情况比较了解的部门和单位作为能源审计的对象。参考一些国家和地区审计机关的做法，这一阶段包括两个内容：一是制定五年的宏观审计计划；二是制定每年的审计工作计划。前者的基础工作是收集资料和周期性一般调查，即收集被审计机构的主要履行工作情况和资源状况，后者的要求则更为具体。

2）审计前的准备阶段。包括收集有关文件资料，了解并熟悉有关政策法规，以及被审计部门和机构的业务、管理和财务情况，进行重要性判断和风险评估，拟订审计方案，发出审计通知书。该阶段的一项重要工作是与被审计单位或项目的管理层协商审计的评价标准和指标。

3）审计调查实施阶段。该阶段工作涉及两个层次：一个是对被审计部门和机构进行初步研究以证实是否有充分理由进行全面调查，如有必要，确定全面调查的性质、范围和目标；另一个是进行全面调查，收集足够的证明材料，据此在审计中作出适当的结论。该阶段应注意与被审计部门和机构充分合作，包括与被审计部门或机构的上层管理人员商讨审计评价标准；调查过程中与被审计机构各级人员磋商问题的改正措施；报告前与被审计机构领导举行最后会谈等环节。

4）审计报告处理和后续审计阶段。能源审计结束后还需要定期到被审计部门或机构现场进行调查和访问，对审计结果的执行情况和效果进行评价。

其中，能源审计评价标准中研究能源审计的实务发展中最难的是能源审计的评价标准和指标确立部分。如前面审计程序中所述，首先应以国家的法律政策为第一依据；其次是与被审计单位沟通协商的标准，该标准一般以历史水平、计划水平、同行业水平为依据。指标具体的确定步骤首先要取得有关能源消耗量和使用高耗能设备的深入数据和资料，经专家研究后，再制定出能源消耗指标和基准来作为评价能源利用的标准。

2.4 能源审计方法体系

企业能源审计的基本方法是依据能量平衡、物料平衡的原理，对企业的能源利用状况进行统计分析，包括企业基本情况调查、生产与管理现场调查、数据搜集与审核汇总、典型系统与设备的运行状况调查和能源与物料的盘存查账等内容，必要时辅以现场检测，对企业生产经营过程中的投入产出情况进行全方位的封闭审计，分析各个因素（或环节）影响企业能耗、物耗水平的程度，从而排查出存在的浪费问题和节能潜力，并分析问题产生的原因，有针对性地提出整改措施。

具体方法包括：

1）产品定量核定方法；

2）能源消耗数据的核定方法；

3）能源价格余成本的核定方法；

4）企业能源消耗技术经济指标评价分析方法；

5）企业能源利用状况的综合评价方法；

6）企业能源管理（管理节能）诊断分析评价方法；

7）装备和工艺技术对标分析评价方法。

在开展能源审计工作时，要查找企业各种数据的来源，并追踪数据统计计量的准确性和合理性，进行能源实物量平衡分析，采取盘存查账、现场调查和测试等手段，检查核实有关数据。只有在数据准确可靠时，才能进行能耗指标的计算分析，进而查找节能潜力，提出合理化整改建议和措施。

2.4.1 企业能源审计的四个环节

在能源审计中，可以将企业能源利用的全过程分为购入储存、加工转换、输送分配、最终使用四个环节（图 2-1）。

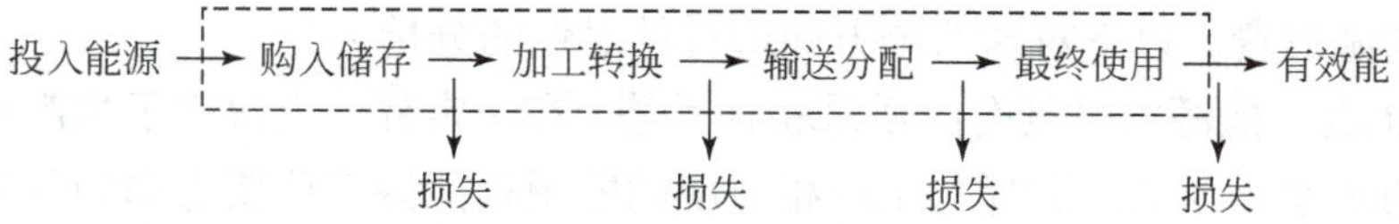

图 2-1 企业能源利用过程

在审计过程中要特别注意以下两个方面：首先，要了解企业内部机构设置和生产工艺流程，熟悉企业内部经济责任制（有的企业称之为经济效益考核办法或经济活动分析）及责任制的具体落实情况，只有这样才能摸清企业的管理状况（如机构、人员、职能、制度、办法和指标等）和能源流程，为下一步的能源审计分析打下基础；其次，要详细了解用能单位的计量和统计状况，确定计量仪表的准确程度和统计数据的真实程度。

2.4.2　企业能源审计的三个层次

能源审计通过分析企业能源利用状况，寻找节能潜力，并最终提出节能降耗的整改措施。引用分析问题的一般方法，即问题在哪里产生，为什么会产生问题，如何解决问题，可将能源审计分为三个层次（图 2-2）。

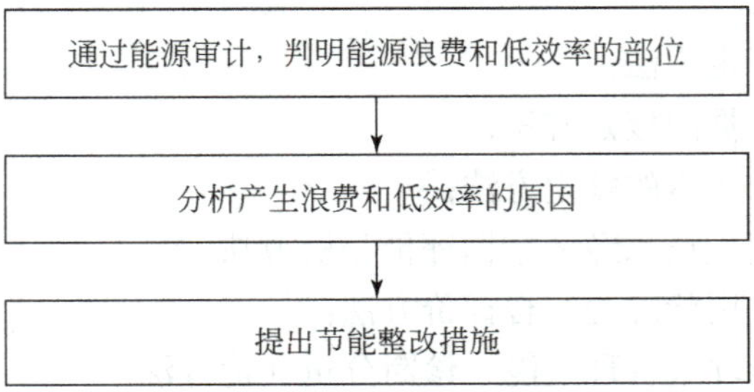

图 2-2　能源审计的一般分析方法

2.4.3　企业能源审计的八个方面

问题的查找、原因的分析和节能整改措施的提出，都要从生产过程中能源利用的主要途径入手，抛开生产过程千差万别的个性，概括出其共性，可以将生产和服务过程中的能源利用抽象成八个方面，即能源、技术工艺、设备、过程控制、管理和员工六个方面的输入，以及产品和废弃能的输出。产生的废弃能，要采用回收和循环使用措施，从能源利用的角度看，能源效率低下和产生能源浪费的原因可能与这八个方面相关，其中的每一个方面都可能直接导致能源利用效率低下和产生能源浪费。以下对这八个方面进行针对性的分析。

1）能源。能源本身具有的质量和种类等，在一定程度上决定了生产过程中能源利用的效率，因此，选择与生产相适应的能源是能源审计要考虑的重要方面。能源是否存在能源效率低和能源浪费，可以查看能源的供应、储存、发放、运输是否存在流失；能源投入量和配比是否合理；能源本身是否与生产相适应；能源的质量是否有保证等。

2）技术工艺。生产过程的技术工艺水平基本上决定了能源的种类和数量，先进技术可以提高能源利用效率，从而减少或避免能源浪费。结合技术改造提高能源利用效率是实现节能降耗的一条重要途径。连续生产能力差、生产稳定性差或技术工艺水平落后等都可能导致能源利用效率低和能源浪费。

3）设备。设备作为技术工艺的具体体现，对能源转换和能源利用具有重要的作用。设备的搭配（用能设备之间、用能设备和公用设施之间）、设备自身的功能、设备的维护保养、设备的自动化水平和设备先进程度等均会影响设备的运行效率，从而会导致能源利用效率低和能源浪费。

4）过程控制。过程控制对生产用能产业链十分重要，反应参数是否处于受控状态并达到优化水平（满足技术工艺要求）对能源利用效率都具有直接影响。计量检测、分析仪表不齐全或精度达不到要求，过程控制水平不能满足技术工艺要求，都可能导致能源利用效率低和能源浪费。

5）产品。产品本身决定了生产过程，同时产品性能、种类和变化往往要求生产过程做出相应的调整。产品在储存和搬运过程中的破损、流失，产品的转化效率低于国内外先进水平，都会影响能源利用效率，导致能耗指标偏高。

6）管理。能源审计本身属于管理审计的范畴，目前我国大部分企业的能源管理系统不健全、不完善、能源管理水平低，这也是导致能源浪费和能源利用效率低的重要原因。加强管理是企业发展的永恒主题，任何管理的松懈和遗漏，如能源消耗定额的制定和考核不合理、岗位操作过程不够完善或得不到有效的落实，以及缺乏有效的奖惩制度等都会影响能源利用效率，因而企业应把能源管理融入企业全面管理中。

7）员工。任何生产过程，无论自动化程度多高，从广义上讲均需要人的参与，因而员工素养的提高和积极性的激励也是有效提高能源利用效率的重要途径。员工素养不能满足生产的要求，缺乏优秀的管理人员、专业技术人员和熟练的操作人员，缺乏激励员工参与节能降耗的措施，都会影响能源利用效率。

8）废弃能。废弃能本身具有的特性和状态直接关系到其是否可再用和可循环回收。废弃能的循环回收和梯级利用都是提高能源利用效率的重要手段。

以上对生产过程八个方面的划分并不是绝对的，在许多情况下存在相互交叉和渗透的情况。例如，一套设备可能决定了技术工艺水平；过程控制不仅与仪器仪表有关，还与员工及管理有很大的关系等。但八个方面仍各有侧重点，原因分析时应归结到主要的原因上。

值得注意的是，对每一个能源利用瓶颈都可以从以上八个方面进行原因分析，结合具体原因提出并实施针对性的节能方案。但并非每个能源利用瓶颈都存在这八个方面的原因，可能只包含其中的一个或几个方面。

2.5 能源审计面临的主要问题及其政策建议

能源审计对我国能源发展具有重要意义。通过对节能主管部门、用能单位和能源审计机构的现状进行调查和分析，理清了我国能源审计现状及存在的问题。

1）审计意识淡薄。人们对节能环境审计了解不多，很多企业审计人员对能源审计知之甚少。

2）审计资质不专业。审计工作人员的从业资格缺乏统一的准入标准，既没有权威机构认证，也没有专业化的培训或考试对人员进行筛选。

3）审计内容狭窄。例如，惠州市目前只有水污染防治方面的审计，集中在环保资金的财务收支审计上。

4）审计方法落后。主要运用财务收支审计方法，而节能环境效益审计、问责审计方法几乎没有。

通过对能源审计工作比较突出的北京市和上海市等地的探索和总结，借鉴其成功经验，针对上述问题提出以下对策和建议。

1）建立节能减排工作责任机制。政府与重点用能单位的代表签订责任书，建立责任机制。成立以政府主要领导任组长、各主要负责人共同参与的节能减排工作领导小组，统筹协调全市节能减排工作。

2）企业财务成本核算中，在核算作为原材料、动力的主要能源（如原煤和电力等）的同时，兼顾（如柴油、汽油与水等）用量较小的能源，以及余热余能回收后转换的能源，保证成本分析中能源成本的升降金额真正反映实际的升降，避免使成本分析流于形式。

3）制定明确的审计标准规范。细化技术通则，有针对性地指导企业改进、完善对标指南，加大数据可比性，更新单耗对比算法。帮助企业更准确地找出节能潜力点，得到更好的节能效果，促进更多企业自觉进行能源审计。

4）对使用能源的各行业进行能源审计，扩大能源审计的有效性和权威性。

参考文献

崔正湃. 2012-3-28. 能源审计标准需进一步细化.亮报，10.

方战强，任官平. 2008. 能源审计原理与实施方法. 北京：化学工业出版社.

侯京亮，翟国富，苗杨，等. 2014. 简析我国能源审计队伍现状及存在问题. 能源研究与管理，（1）：9-11.

王满华，李戎，林琳. 2015. 我国纺织行业能源消耗的碳排放. 印染，（3）：50-53.

袁睿. 2013. 惠州市政府能源审计问题. 山东纺织经济，（1）：72-76.

张佰恒. 2013-01-11. 破解我国玻璃行业良性发展的道路. 中国建材报，6.

中国工业节能与清洁生产协会，中国节能环保集团公司. 2015. 中国节能减排发展报告：关键的“十三五”. 北京：中国经济出版社.

中国水泥协会《水泥行业煤炭消费总量控制方案及政策研究》课题组. 2015. 降低水泥行业煤炭消耗总量减少二氧化碳排放. 中国水泥，(5)：22-27.

周炯，宋哲，段茜，等. 2012. 中美能源审计的比较与分析. 上海节能，(5)：17-22.

第3章 能效管理

3.1 能效管理与能源审计的关系

随着中国工业化和城市化的快速推进，经济规模持续扩大，能源问题成为举国关注的热点。资源相对不足、能源需求增长、能源利用效率低、大量耗能引发的环境问题等，都已成为制约我国经济和社会发展的主要因素。“十二五”时期，我国提出要重点建设绿色发展、资源节约型环境友好型社会。而各行各业，特别是重能企业和大型生产制造企业，都密切关注开发、利用新能源，提升能源利用效率，以及多种角度、多种形式节约能源等一系列能源发展问题。

能效管理是按照国家有关法律法规、规范标准的规定，对用能单位及用能设备加强能源管理，提高能源利用效率。能效管理的主要内容包括用能单位用能设备管理、节能监测、能量平衡、能源审计和能效对标等，其中，管理的主要对象是用能设备，核心环节是能效对标，节能监测、能量平衡、能源审计是能效管理的主要工具。能效管理有别于企业能源管理。企业能源管理一般都着眼于企业自身发展的短期目标的制定，以及制度、考核、目标、成本诸项内容的落实状况，而能效管理通过企业内部资源的优化配置和有效利用，着眼于大局，立足于系统，通过科技进步和系统整合，最大限度地发挥能源的效能，以实现企业内部的协调发展，进而促进社会的协调发展，使企业依托于社会进步的力量，争取较长时期的、更为持久的竞争能力。

能源审计指用能单位自己或委托从事能源审计的机构，根据国家有关节能法规和标准，对能源使用的物理过程和财务过程进行检测、核查、分析和评价的活动。能源审计是一种加强企业能源科学管理和节约能源的有效手段和方法，具有很强的监督与管理作用。

从以上对能效管理和能源审计的定义中可以看出，能效管理与能源审计的关系是十分紧密的：一方面，能效管理是能源审计最终实现的目标之一，通过能源审计，可以更好地对能源进行科学的管理，提高能源利用效率，最终实现节能环保、可持续发展；另一方面，能源审计是能效管理的一部分，能源审计本身是能效管理的一个重要环节和主要工具，通过能源审计，能效管理才能更加科学地进行，因而，能源审计对能效管理来说不可或缺。具体来看，能效管理与能源审计之间的关系可以进行如下总结。

首先，相比于能源审计，能效管理的概念更加宽泛。能效管理是一个凌驾于能源管理层面之上的较为宏大的概念，包含的内容非常丰富，几乎可以说只要是能够帮助提高能源利用效率的管理方法和手段都可以认为是能效管理的内容，即能效管理的含义更具有宏观层次的意义，需要通过更多具体的形式才能得以实现。而能源审计则是一个相对具体、操作化的概念，其本身是一个实践过程中总结出来的提高能源管理科学性的手段，是一个相对微观层面的概念。

其次，能效管理需要通过能源审计等诸多内容得以实现，能源审计对能效管理至关重要。能源审计是能效管理的工具，其与节能监测和能量平衡共同构成了能效管理的三个操作工具，只包含节能监测和能量平衡的能效管理并不能真正实现其提高能源利用效率的目的，还需要通过能源审计来对能源利用的物理过程和财务过程进行检测、核查、分析和评价，只有这样，才能使能效管理成为一个体系，并且使其更加完善和科学。

最后，能效管理的原则和理念可以用来指导能源审计，能源审计的程序和结果则是支持能效管理科学性的支柱之一。要正确、科学地认识能效管理，需要对能源审计的体系和程序有深入的认识；要正确、科学地认识能源审计，也需要对能效管理有充分的把握。

3.2 能效管理发展概况

3.2.1 国外能效管理发展现状及经验

据广东省节能减排办公室和中国科学院广州能源研究所报道，20 世纪 70 年代石油危机发生后，不断攀升的石油价格促使许多国家开始重视提高能源效率问题。近年来，以实现可持续发展、保护环境为目的的能源节约已成为许多国家尤其是发达国家非常关注的重要领域。这些国家在节能管理体制、法律法规和经济政策等方面已形成较为完善的体系，并通过“自愿协议”和“能源合同管理”等方式建立了能效服务市场化机制，能效管理取得了举世瞩目的成就。日本在过去30 年每单位国内生产总值的能源效率提高了 37%，在所有工业化国家中其能耗水平位于较低水平；法国近年来一次能源强度和终端能源强度有升也有降，但从总体上看是下降的；美国自 1973 年以来通过节能获得的能源资源是国内能源供应增长量的 4 倍。以下重点介绍日本、法国和美国在能效管理上的发展情况和主要的政策措施。

（1）日本政府能效管理体制

日本在经历 20 世纪 70 年代的石油危机后，能效管理取得了实质性的进展。2001 年日本政府机构改革后，在把原来 1 府 22 省厅调整合并为 1 府 12 省的情况下，节能管理机构由原来经济产业省（Ministry of Economy，Trade and Industry，METI）属下的资源能源厅煤炭部节能课升格为节能新能源部，负责制定和执行节约能源方面的法律，建立能源节约鼓励制度和政策。经济产业省下设的 9 个地区局，也负责监督各地方节能工作的落实情况。另外，经济产业省下属还有 2 个节能专业机构：一是能源节约中心（ECCJ），下设 7 个地区办公室，负责执行部分有关能源节约的法律，并委托社会机构对重点耗能企业实施能源审计和现场检查，指导重点耗能企业采取节能措施，负责对公众进行宣传教育；二是新能源产业技术综合开发机构（New Energy and Industrial Technology Development Organization，NEDO），下设 3 个地区办公室，负责组织、管理和推广应用能源节约技术项目。日本经济联盟及其各个行业组织作为民间组织推动和协助政府建立鼓励工商企业积极采取节能措施的有关制度（图 3-1）。

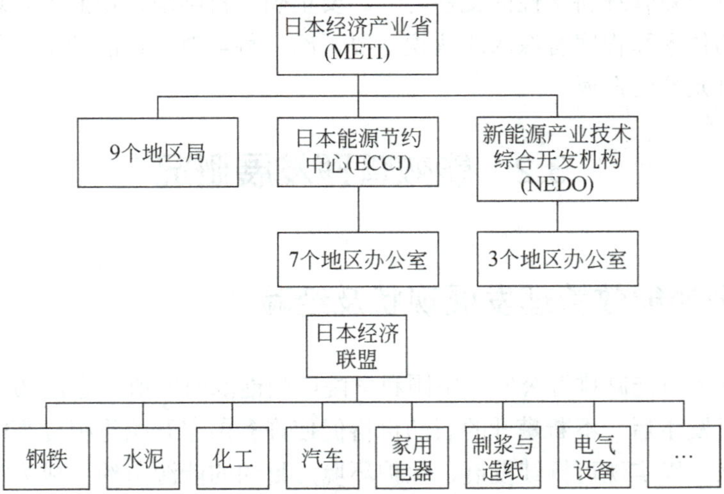

图 3-1　日本政府能效管理组织架构

日本的能效管理措施主要有：

1978 年日本发布《节能补贴计划和财政激励机制》，此政策中资金量最大的计划是一项促进能源合理利用的计划，鼓励企业安装高能效的工业设施，此政策在一定程度上减少了温室气体及其他与能源有关的污染物的排放量，降低了对进口化石燃料的依赖性与生产成本。1979 年日本开始实行强制能源管理，实施这一政策的目的在于增强对节能措施潜力的理解，降低能源成本，减少二氧化碳和其他环境污染物的排放量。1997 年日本开始执行《Keidanren 自愿行动计划》，主要目标是温室气体排放，2010 年，参与企业的二氧化碳排放量在 1990 年的基础上减少了 16.8%。该计划的实施提高了能源供应的安全性，减少了当地空气污染。2005 年日本启动《自愿性排放交易计划》，主要目标是未来针对大型排放企业的国内全面排放交易计划积累经验，实施效果不详。2005 年日本实施《强制温室气体排放报告制度》，该制度主要目的是通过评估目前温室气体排放水平，促进温室气体排放单位自愿开展减排工作，实施效果不详。2008 年实施《中小企业碳排放信用计划》，该计划目的是以具有成本效益的方式减少所有行业的温室气体排放量，实施效果不详。2009 年开始执行《日本工业节能强制对标》，该措施主要是弥补行业平均能效水平与行业最佳能效水平之间的差距，实施效果不详[①]（图 3-2）。由于部分数据缺失和数据类型不一样，不能对每一条能效政策的效果进行比较。但从整体上来看，日本能效政策的实施一定程度上减少了温室气体及其他与能源有关的污染物的排放量，降低了能源成本。

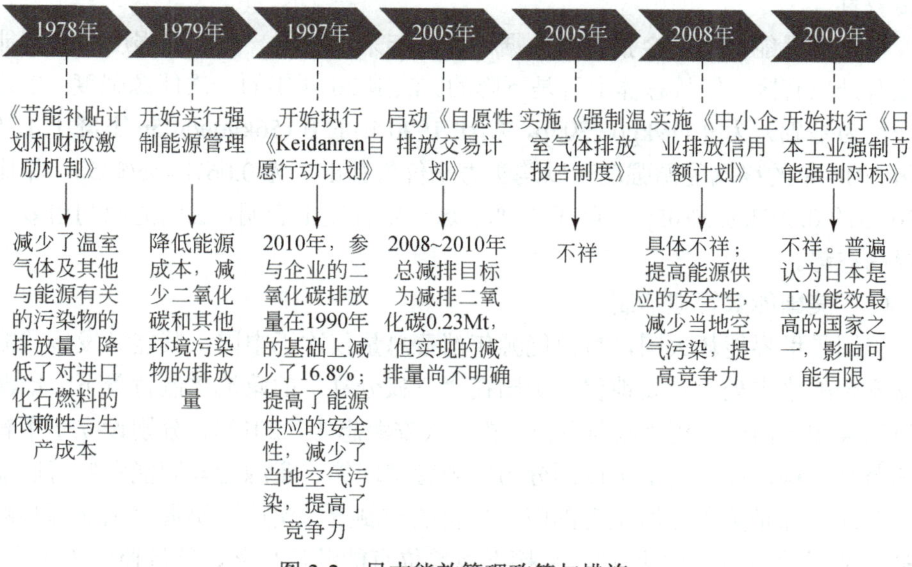

图 3-2　日本能效管理政策与措施

根据世界能源理事会报道的数据，近些年来，日本一次能源强度和终端能源强度持续下降，日本 2014 年的一次能源强度（以购买力平价为基础）为 0.109kgoe/\$05p[②]，相比 1990 年的 0.134kgoe/\$05p 下降了 0.9%；日本 2014 年的终

① 工业能效政策数据库.http：//iepd.iipnetwork.org.cn/country/日本。

② kgoe/\$05p 单位中，\$05p 表示 2005 年美元不变价格。

端能源强度（以购买力平价为基础）为 0.069kgoe/$05p，相比于 1990 年的 0.084kgoe/$05p 也下降了 0.9%，这充分表明，近些年来，日本的能源利用效率有所提高[①]。其中，一次能源强度和终端能源强度属于能源强度的不同类型，能源强度也称为单位产值能耗，指一个国家或地区、部门或行业单位产值一定时间内消耗的能源量。通常为了方便国家之间进行比较，GDP 经常会按购买力平价（purchasing power parity，PPP）进行折算。

（2）法国政府能效管理体制

法国是欧盟国家中最重视节能的国家之一，其节能管理体制最突出的特点是将提高能源效率与对环境污染的控制结合在一起，并成立了独立于各部门的综合机构，即法国环境与能源控制署，其署长由总统直接任命，全面管理、实施全国节能和对环境污染的控制。各级地方政府也都有相应的机构，从中央环境与能源控制署到各地办公室的业务开展都有相应的资金支持。环境与能源控制署所有项目都是通过合同委托来实施。法国能源消费中居民消费占 50%左右，因此，法国非常重视节能的宣传和教育，环境与能源控制署下设 500 多个宣传点负责节能的宣传教育。

根据世界能源理事会报道的数据，近些年来，法国一次能源强度和终端能源强度有升也有降，但从总体上看是下降的。法国 2014 年的一次能源强度（以购买力平价为基础）为 0.119kgoe/$05p，相比 1990 年的 0.156kgoe/$05p 下降了 1.1%；法国 2014 年的终端能源强度（以购买力平价为基础）为 0.067kgoe/$05p，相比于 1990 年的 0.092kgoe/$05p 下降了 1.2%，这一定程度上表明，法国能源利用效率呈现提高态势。

（3）美国能效管理体制

美国是世界能耗大国，目前能源年消费总量仅次于中国，其能源发展战略在国家安全战略中处于重要地位。美国在“三权分立”的政治体制背景下，能源管理组织架构方面也采用“政监分离”模式（安海忠等，2013），分别设立了主管部门和监督机构，在职能上可以划分为宏观管理职能、资源管理职能和监管职能。其中，能源部是美国能源主管部门，负责统一制定、实施、协调美国能源战略和政策，部下设 8 名部长助理，直接下属单位有能源信息署、能源监管委员会、8 个项目办公室、12 个行政机构和 24 个国家实验室和技术中心（管霞霞，2014），其职能属于宏观管理职能。内政部矿产管理局负责管理美国外大陆架的石油、天然气和其他矿产资源，负责征收、审核和分配来自联邦和印第安土地上的矿产收入（石冬明，2016），其职能属于资源管理职能。监督机构包括联邦能源管理委员

① 世界能源理事会.http：//www.worldenergy.org/data/efficiency-indicators/。

会和各州公共事业委员会，其职能属于监管职能。联邦能源管理委员会是内设于能源部的独立监管机构，负责监管跨州输电价格、天然气、石油管道和天然气批发价格、电力市场运作、企业会计和财务报告；审批天然气建设设施；对违反规定的企业和个人给予民事处罚。各州公共事业委员会负责批准发电和输配电项目建设，监管州内电力、天然气零售业务和市政电力系统（管霞霞，2014；石冬明，2016）。

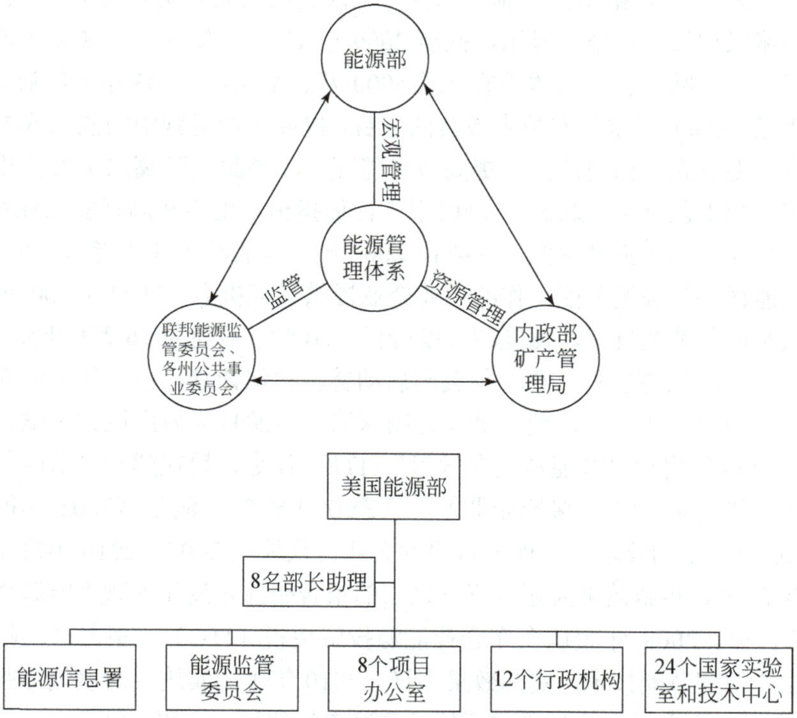

图 3-3 美国能源管理组织架构

美国采用的能效管理政策和措施：

1975 年美国启动《电动机能效标准》，旨在提高电动机能源利用效率以节约能耗，根据电动机能效标准，将在 2008～2038 年节能 0.14quad[①]和减排 230 万 t 碳当量。1976 年美国启动工业评估中心，该中心提供工厂工业评估报告旨在帮助中小型制造商提高生产力、减少废物并节约能源，同时也为大学工程系学生提供在制造厂接受真实实习培训的机会，2012 年 12 月，实现平均节能为 46.58 亿 btu[②]，节省的成本约为 2.6219 万美元。1986 年美国启动修订后的快速成本回收系统

① 1quad=2400×10^6toe。
② 1btu=1055.056J。

（modified accelerated cost recovery system，MACRS），该系统旨在增加对可再生能源和节能技术的、具有成本效益的投资，经证明，修订后的快速成本回收系统所提供的市场确定性是促进能源工业私人投资的巨大推动力。2001 年启动热电联产伙伴关系计划，该计划的主要目标是降低发电对环境造成的影响，2001～2011 年，热电联产伙伴关系计划向 640 多个热电联产项目提供援助，代表的新热电联产容量为 5490MW，年同比减少的排放量为 1450 万 t 碳当量。2002 年美国启动《气候领导者计划》，旨在帮助企业制定综合性气候变化战略和实现温室气体减排，美国国家环境保护局报告结果显示，截至 2009 年 12 月，加入《气候领导者计划》的企业每年共计减少温室气体排放量近 5000 万 t 碳当量。2003 年美国启动《气候愿景》，旨在识别并寻求具有成本效益的项目，提高工业运营中的能源或温室气体排放强度，促进企业向更清洁、更高效且能减少、捕集或隔离温室气体排放量的技术、实践和工艺过渡；2007 年进度报告评估指出，电力和高耗能工业行业在 4 年时间里共计将排放强度降低了 9.4%。2004 年美国启动工业“能源之星”项目，旨在降低能耗并为强调节能工作的工业企业提供认证机会，2011 年 60 家工厂实现或超额实现其节能目标，使能源强度降低了 10%，节能为 16 万亿 btu，减少近 100 万 t 的二氧化碳排放。2005 年美国启动贷款担保计划，旨在促进创新性和先进能源技术的商业化采用，使其足以为国家清洁能源目标做出巨大贡献，实施效果不详。2006 年启动“节能从现在做起”（ITP）计划，旨在建立“节能从现在做起”先锋伙伴关系与 240 多家企业签约（FY08-FY13），满足《2005 年能源政策法》第 106 节规定的要求——保证自愿性企业协议能在 2007～2016 年每年将能源强度降低 2.5%，实施效果为超过三分之二的报告企业正逐步实现“能源强度降低 25%”的目标。2008 年美国发布企业能源投资免税（ITC）政策，鼓励投资和开发可再生能源和节能技术，实施效果不详。2010 年美国实施《温室气体强制报告制度》，该制度的主要目的是通过评估目前温室气体排放水平，促进温室气体排放单位自愿开展减排工作，暂无实施效果数据。2013 年美国在全国推行“卓越能效”（SEP）计划，旨在推动工业企业实现持续性能源改进目标，为审核能源绩效改善情况和能源管理实践提供一个颇具透明度且得到全球广泛认可的体系（ISO 50001）。2013 年美国截止企业能源投资免税（ITC）政策[①]（图 3-4）。由于部分数据缺失和数据类型不同，不能对每一条能效政策的效果进行比较。但从整体上来看，美国能效政策的实施有利于提高生产力、减少废物并节约能源，以及实现温室气体减排等。

① 工业能效政策数据库.http：//iepd.iipnetwork.org.cn/country/美国。

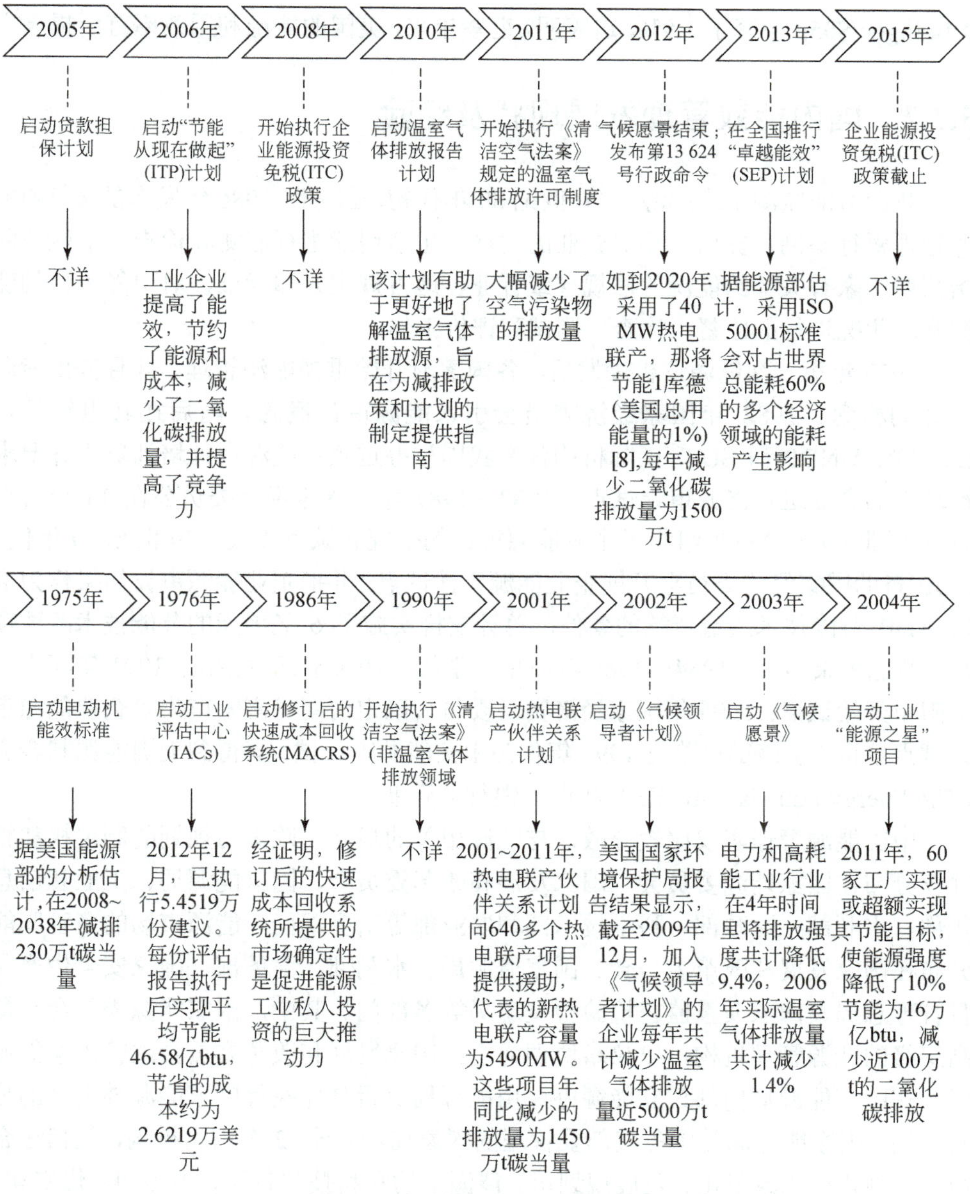

图 3-4 美国能效管理政策与措施

根据世界能源理事员会报道的数据，近些年来，美国一次能源强度和终端能源强度总体呈下降趋势，美国 2014 年的一次能源强度（以购买力平价为基础）为 0.150kgoe/\$05p，相比 1990 年的 0.232kgoe/\$05p 下降了 1.9%；美国 2014 年的终端能源强度（以购买力平价为基础）为 0.093kgoe/\$05p，相比于 1990 年的

0.144kgoe/\$05p 下降了 1.9%，这表明，近些年来，美国的能源利用效率有所提高[①]。

3.2.2 国内能效管理发展现状及经验

我国节能监测工作起源于20世纪80年代初，国务院1986年发布的《节约能源管理暂行条例》提出，要对企业的生产、生活用能进行监测和检查。节能监测指依照国家有关节约能源的法规（或行业、地方规定）和标准，对用能单位的能源利用状况进行的监督、检查、测试和评价工作。

1973年第一次能源危机爆发后，各国逐渐开始重视能源管理，并且提出能源审计的概念；1982 年国家经济委员会引入能源审计概念。随后在其组织下，ESCAP、UNDP 和 EU 等国际机构都在我国举办过企业能源审计培训班，并要求被培训的企业进行能源审计试点。1982～1987 年，国家经济委员公在 14 个省市 11 个行业 40 个企业中组织了企业能源审计的研究和试点实践。20 世纪 80 年代，ADB 资助国家经济委员会开展企业能源审计试点，并把企业能源审计结果作为取得 ADB 节能技术改造贷款的条件，总计安排实施了 6 亿美元的节能技术改造项目，节能效果显著。1984～1989 年清华大学等一些大学开始尝试；1991 年河南省南阳市开始试点；1995 年国家经济贸易委员公确定河南省南阳市为“企业能源审计试点单位”；该试点单位 1996 年作为中美能源审计试点，得到美国能源基金会（The Energy Foundation，EF）和世界银行的资助。

中国能源管理职权比较分散，与能源相关的战略、政策与规划的制定权和管理权分布在国家能源委员会、国家发展和改革委员会、国家能源局、工业和信息化部、水利部、财政部、科学技术部和农业部等诸多部门，能源市场的监管职能分布在国家发展和改革委员会、国家能源局、水利部、商务部、国家安全生产监督管理总局及国家质量监督检验检疫总局等多部门。其中，国家能源委员会是最高层级的能源管理机构，以议事协调为主；国家发展和改革委员会主管国家能源局，在国家能源局内部设立能源办，由能源局负责具体执行围家能源委员会的战略计划；国家能源局是国务院部委管理的国家局，下设 12 个内设机构，包括综合司、法制和体制改革司、发展规划司、能源节约和科技装备司、电力司、煤炭司、石油天然气司、新能源和可再生能源司、市场监督司、电力安全监督司、国际合作司机关党委（人事司）（图 3-5）。

2004 年中国发布的《关于完善差别电价政策的意见》中指出：为调整和优化产业结构，加快淘汰高耗能产业中的落后产能，促进节约能源和降低能耗，现就

---

① 世界能源理事会.http：//www.worldenergy.org/data/efficiency-indicators/。

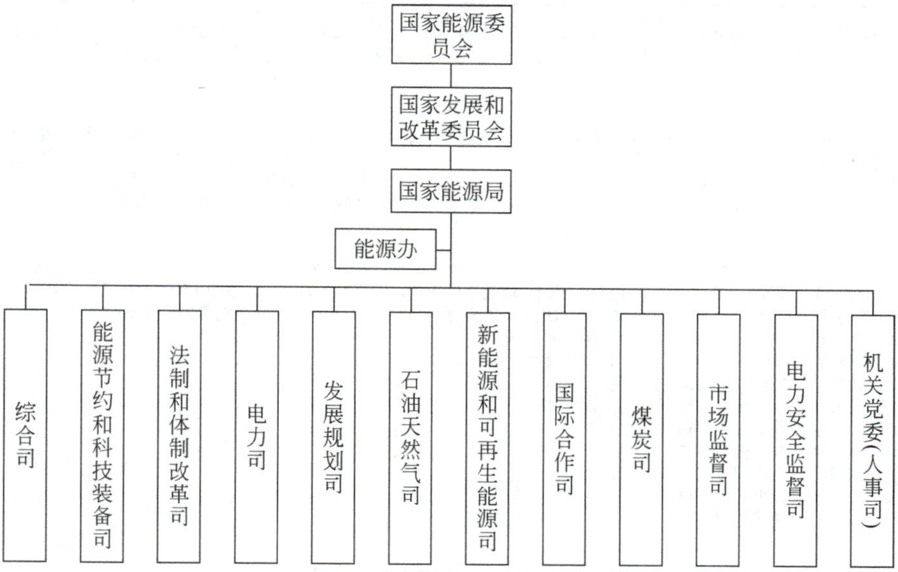

图 3-5 中国能源管理组织框架

进一步做好对部分高耗能产业实行差别电价政策提出本意见，截至 2006 年，33 个省份实施了这项政策，覆盖约 2500 家企业。在 2004～2006 年，约有 900 家淘汰类企业和 380 家限制类企业关闭。2006 年中国开展“千家企业节能低碳行动”，这一行动显著提升了千家企业的能源效率，提升了每一个生产环节的能源效率。2006 年中国发布《“十一五”十大重点节能工程实施意见》，旨在通过实施十大重点节能工程，“十一五”期间，可实现节能 2.4 亿 tce（未含替代石油），重点行业主要产品（工作量）单位能耗指标总体达到或接近 21 世纪初国际先进水平。2010 年中国发布《关于开展第二批国家低碳省区和低碳城市试点工作的通知》，旨在逐步建立健全低碳试点工作机构，积极创新有利于低碳发展的体制机制，探索不同层次的低碳发展实践形式，从整体上带动和促进了全国范围的绿色低碳发展。2011 年中国发布《万家企业节能低碳行动实施方案》，万家企业节能管理水平显著提升，长效节能机制基本形成，能源利用效率大幅度提高，“十二五”期间，万家企业实现节约能源 2.5 亿 tce。2013 年开展碳排放交易权试点[①]（图 3-6）。由于部分数据缺失和数据类型不同，不能对每一条能效政策的效果进行比较。但从整体上来看，中国能效政策的实施顺利完成了“十一五”和“十二五”规划制定的节能减排任务，显著节省能源和减少相关的二氧化碳排放，减少其他污染物的排放，提高生产率。

① 工业能效政策数据库.http：//iepd.iipnetwork.org.cn/country/中国。

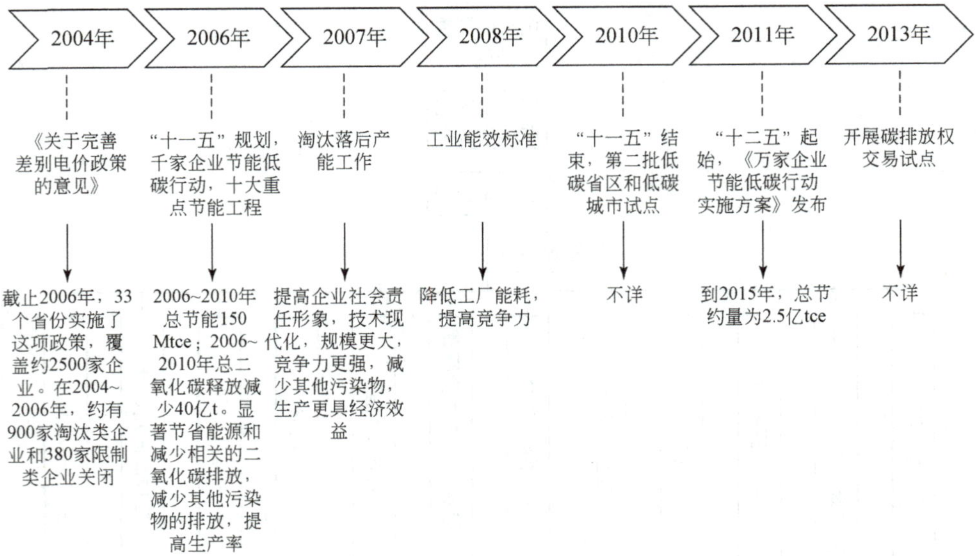

图 3-6　中国能效管理政策与措施

根据世界能源理事会报道的数据，近些年来，我国一次能源强度和终端能源强度下降幅度明显，我国 2014 年的一次能源强度（以购买力平价为基础）为 0.206kgoe/$05p，相比 1990 年的 0.595kgoe/$05p 下降了 65.4%；我国 2014 年的终端能源强度（以购买力平价为基础）为 0.129kgoe/$05p，相比于 1990 年的 0.438kgoe/$05p 下降了 70.5%，这充分说明，近些年来，我国的能源利用效率显著提高。但是，相比于发达国家的能源利用效率，我国能源利用效率的提升还存在很大空间（图 3-7）。

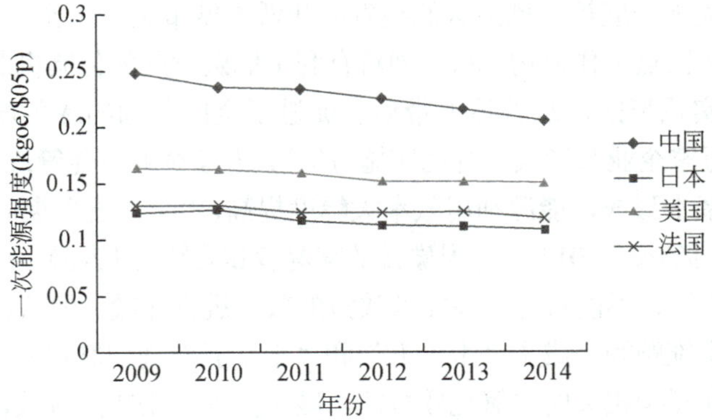

图 3-7　各国一次能源强度比较（基于购买力平价）

3.3 能效管理机制

发达国家通过能效管理实践，形成了以下六种主要制度：①节能自愿协议制度，灵活性好、适应性强、成本低且兼顾节能与减排；②合同能源管理制度，能够降低节能改造的风险，调动节能服务公司和用能单位进行节能改造的积极性；③能效标准与标识制度，投进较少，效果较佳，对消费群体的干扰较大；④节能产品认证制度，能够从源头提高终端产品的能源利用效率，保护消费者权益；⑤电力需求侧管理制度，能够促进终端节能，实现以最小的电力服务成本获得电力资源规划的优化及环境的改善；⑥能效对标管理制度，能直观反映同行业内先进企业的最佳节能实践，并以其作为标杆提高其他企业能效水平。这些措施已成为世界发达国家采用的普遍做法，并取得很好的节能效果。目前，采用市场机制对能源效率进行管理已经受到许多国家的青睐。

3.3.1 节能自愿协议

20世纪60年代末70年代初，命令和控制手段在能源管制政策中占主导地位，它大体上可分为两种不同但又互相联系的具体方法：一种是控制能耗的标准，是由政府制定实施各种类型企业特定能耗排放的最高限度，要求企业符合能耗规定的标准；另一种可称为以实行控制能耗技术为基础的管制，是政府通过要求企业必须使用某种能耗控制技术来对企业活动进行直接控制。从实际效果来看，命令和控制方式在改进环境质量状况的同时可能导致大量的交易成本，并且造成效率损失。首先，政府无论是制定和调整耗能标准还是技术标准，都需要搜集大量信息，制定大量计划，这需要花费很高的交易成本；而监督和管理企业执行技术标准和耗能标准也需要花费大量成本。其次，企业在执行和服从管制过程中也可能导致经济效益的损失和较高的服从成本。由于厂商间的能耗控制成本千差万别，对不同性质、不同规模的企业采取完全划一的标准不可能在企业间有效率地分配能耗量，既限制了那些减少能耗的边际成本最低的企业做最大的努力，又迫使一些厂商采取不适当的昂贵的能耗控制措施，从而带来巨额的效率损失。这些成本可能会超过环境质量改善带来的效益的提高，从而导致社会总体效益的降低。能源-环境这些公共物品不可避免地要碰到“搭便车”的问题，因此，必须设计出一种机制，能有效地监督企业行为，使企业有动机也有外在约束力采取必要的技术措施减少对能源的消耗，从而使以谋取最大利润为目的的企业行为与社会环境的要求一致。这催生了节能自愿协议制度的诞生。换言之，节能自愿协议是许多国家为提高能源利用效率，减少二氧化碳排放而采取的一种节能新机制，该机制可以提高企业节能工作积极性，开拓地方政府进行节能管理的思路和方法，不失为在市场经济体制下一种有效的节能管理新体制。

3.3.2 合同能源管理

合同能源管理是 20 世纪 70 年代在西方发达国家发展起来的一种基于市场运作的全新的节能机制，经过三十多年的发展和积累，合同能源管理已经形成了规模庞大的节能服务产业。应用合同能源管理的国家主要分布在北美、欧洲、亚洲三个地区，其在提高能源利用效率和减少碳排放量方面已经取得显著效果。根据《合同能源管理技术通则》(GB/T 24915—2010)，合同能源管理(energy performance contracting，EPC）是一种新型的市场化节能机制。其实质是以减少的能源费用来支付节能项目全部成本的节能业务方式。合同能源管理是节能服务公司通过与客户签订节能服务合同，为客户提供包括能源审计、项目设计、项目融资、设备采购、工程施工、设备安装调试、人员培训、节能量确认和保证等一整套的节能服务，并从客户进行节能改造后获得的节能效益中收回投资和取得利润的一种商业运作模式。在合同期间，节能服务公司与客户分享节能效益，在收回投资并获得合理的利润后，合同结束，全部节能效益和节能设备归客户所有。合同能源管理的商业模式包括节能效益分享型、节能量保证型、能源费用托管型和融资租赁型等。目前我国合同能源管理的参与度逐渐增加并实现了显著的节能减排效果。

3.3.3 能效标准与标识

能源效率标准简称能效标准（energy efficiency standard）指在不降低产品的特性和性能、质量、安全、整体价格的前提下，对用能产品的能源性能做出具体的要求。能效标识（energy label）是粘贴在用能产品上的一种标签，表明用能产品能效水平的高低，突出能源效率等级。

能效标准与标识制度最早在波兰、美国兴起，之后在加拿大、澳大利亚、欧盟各国及部分亚太国家流行起来，针对各类用能产品制定能效标准已经成为各国节能降耗工作的重要组成部分。美国、欧盟、北美一些国家和日本等发达国家已经取得了成功的经验，亚洲和太平洋地区的许多发展中国家也都在开展这方面的工作，并取得了较好的成绩。我国能效标准的发展经历了 20 世纪 80 年代的起步、90 年代的稳步发展和 21 世纪的提高这三个阶段。目前已经建立“资源节约与综合利用标准体系”，其中，用能产品能效标准体系是重要组成部分。在中国标准化研究院等科研机构、生产企业及各相关领域专家的共同努力下，我国的能效标准研制工作取得了积极进展。"中国能效标识"标签在诸多产品中也得到广泛应用，并成为影响消费者选购的重要因素。

3.3.4 节能产品认证

节能产品认证，指依据国家相关的节能产品认证标准和技术要求，按照国际上通行的产品质量认证规定与程序，经中国节能产品认证机构确认并通过颁布认证证书和节能标志，证明某一产品符合相应标准和节能要求的活动[①]。我国的节能产品认证工作接受国家质量技术监督局的监督和指导，认证的具体工作由中国质量认证中心负责组织实施。

中国节能产品认证机构由原中国节能产品认证管理委员会（简称"管理委员会"，2003 年被撤消，并入商务部）和中国节能产品认证中心（CECP）两部分组成。管理委员会由国家经济贸易委员会、国家发展和改革委员会和科学技术部等有关部门和单位的领导和专家组成。CECP 是管理委员会领导下的负责组织、管理和实施节能产品认证的第三方认证机构，行政挂靠于国家质量技术监督局中国标准研究中心。

节能产品认证的技术含量很高并受诸多条件的限制。要开展某类产品的节能认证工作，必须要有认证用的标准或技术要求，选用具备相应检验能力并符合条件的检验机构，并经国家质量技术监督局审批等。

申请节能产品认证的企业及其产品必须具备下列条件[②]：①中华人民共和国境内企业应持有工商行政主管部门颁发的《企业法人营业执照》，境外企业应持有有关机构的登记注册证明；②生产企业的质量体系符合国家质量管理和质量保证标准及补充要求，或者外国申请人所在国等同采用 ISO9000 系列标准及补充要求；③产品属国家颁布的可开展节能产品认证的产品目录；④产品符合国家颁布的节能产品认证用的标准或技术要求；⑤产品应注册，质量稳定，能正常批量生产，有足够的供货能力，具备售前、售后的优良服务和备品备件的保证供应，并能提供相应的证明材料。

申请方法：中国节能产品认证中心在开展某类产品的节能认证工作之前，首先会发布相应的认证用的标准或技术要求。同时，也会适时地举办培训班，向拟提交认证申请的企业宣贯认证用的标准或技术要求、介绍认证程序和有关规定。在此基础上，认证中心向企业发放《节能产品认证申请书》。认证中心在收到企业

① 节能产品认证知识. 认证技术，2010 年 01 期。
② 中国节能产品认证管理办法，中华人民共和国国家发展和改革委员会，1999 年 2 月 11 日。

递交的申请书后即可受理其节能产品认证的申请。

节能产品认证的重要意义①：消费者使用节能型产品，能够用尽量少的能源来维持或提高现有的生活水平。这一方面可以节约家庭支出，同时也为改善居住环境、降低大气污染做出贡献，进而提高生活质量。另外，获证企业的质量保证能力和产品的实物质量，在节能产品认证过程中也都经过了严格的审核和检验，其产品质量有一定的保证。另一方面，节能产品的应用和普及，在一定程度上也反映出一个国家的环保意识和消费观念。根据《中华人民共和国节约能源法》的规定，取得节能产品认证资格的企业，将获得节能产品认证证书，并允许在获准认证的产品上粘贴节能标志。因此，消费者可以依据产品或其包装上的节能标志识别和选择高效节能型产品。

3.3.5 电力需求侧管理

电力需求侧管理（demand side management，DSM）指电网公司、项目执行者、电力用户在完成同样电功能的前提下，通过政府政策法规的支持和激励措施的实施，共同促进终端用电效率的提高和用电方式的优化，共同追求最佳的社会效益和经济效益，从而实现以最小的电力服务成本获得电力资源规划的优化及环境的改善。

电力需求侧管理是在20世纪70年代末发展起来的一种先进的能源管理理念和方向，目前，世界上已有美国、加拿大和德国等30多个国家和地区实施了电力需求侧管理，在节电方面也取得较好的效果。

电力需求侧管理在20世纪90年代开始引入我国，在政府的倡导下，电力公司及电力用户做了大量铺垫工作，使该模式在我国取得广泛应用。目前，电力需求侧管理在抗击自然灾害、平衡电力电量、提高电网负荷率、促进节能减排、确保电网安全和维护社会稳定等方面已经发挥了重要作用，产生了较大的经济、社会和环保效益。我国电力需求侧管理涉及的参与者主要有政府、电网公司、电力用户、节能服务公司；内容主要有提高效率、负荷管理、能源替代、余能回收及新能源开发等；其目标在于完成同样的功能下促进终端用电效率的提高和用电方式的优化；常用的技术有移峰填谷技术、储能技术、照明技术、电动机系统节能技术和建筑节能技术等。目前，电力需求侧管理运营模式主要向需方响应模式、合同能源管理模式、清洁能源发展机制和智能电网技术等方向发展。

---

① 百度百科。

3.3.6 能效对标管理

能效对标管理是一种科学、系统、规范的企业能源管理方法，是企业对标管理的一个重要方面，指企业为提高能效水平，与国际国内同行业先进企业能效指标进行对比分析，确定能效标杆指标，通过节能管理和技术措施，达到能效标杆指标或更高能效指标水平的能源管理活动。按照范围可分为全面对标和专项对标；按照能效标杆单位分类可分为内部对标、流程对标、行业或功能对标和竞争性对标。

能效对标管理在节能方面得到了广泛的应用，美国、加拿大、日本和一些欧洲国家均开展了能效对标管理，并取得了很好的节能效果。国家发展和改革委员会自 2007 年开始开展能效对标管理，并对重点耗能企业能效对标活动进行了部署安排，随后地方政府也纷纷出台了相关政策，以促进和推动地方工业能效对标管理工作。目前，我国能效对标管理已经成为推动企业管理变革、提高企业竞争能力的有效手段，在节能减排方面也取得了显著效果。

参考文献

安海忠，钟维琼，何波，等. 2013.全球能源管理体制分析. 资源与产业，15（6）：1-6.
管霞霞. 2014. 美国经验对深化我国能源管理体制改革的启示. 经营管理者，（19）：277.
石冬明. 2016. 美俄日能源管理体制比较及其启示. 中国能源，（6）：90-93.

第 4 章　节能自愿协议

4.1　节能自愿协议的概念

20 世纪 70 年代，两次石油危机的爆发，使西方国家的经济遭受重创，并严重影响了其能源和产业结构。在此期间，各国政府制定和颁布了一系列政策措施以降低能耗，提高能源效率，这些政策措施绝大部分具有强制性，如禁令和强制性能耗标准等（李红祥，2008）。

环境问题本质上是一种经济问题，需要借助市场经济手段才能有效解决。20 世纪 80 年代，欧美一些国家尽可能地采取经济手段对环境进行保护，而环境经济手段的兴起也使得环境保护政策由强制性转为非强制性。在推进节能活动的过程中，除了使用传统的行政措施，发达国家还普遍实施了包括自愿协议在内的一系列自愿活动来弥补行政手段的不足（杜文伟和蒋芸，2004）。自愿活动是建立在自愿基础上的各种活动的总称，包括自愿协议、自愿项目、自愿标准和自愿规范等。石油危机期间，工业行业或企业自愿承诺与政府签订节能减排协议这一新的政策模式逐步形成、发展起来，并取得了良好的效果（陈晨，2005）。2003 年至今，我国政府将自愿协议作为一项非强制性政策在多个省市推行实施，一定程度上达到了节能减排的目标。

4.1.1　节能自愿协议的概念

2011 年我国颁布的《节能自愿协议技术通则》（GB/T 26757—2011）将节能自愿协议定义为：为达到节能减排目标、提高能源利用效率，政府与用能单位或行业组织签订协议的一种节能管理活动。广义上的自愿协议还包括企业为了履行社会责任而单方面做出的节能减排承诺，这种承诺完全凭借企业自律，与政府并无协议关系。目前，自愿协议是国际上采用最多的一种非强制性节能措施，可以有效弥补行政手段的不足（杜文伟和蒋芸，2004）。

可见，节能自愿协议的达成至少包括两方面：①签订节能自愿协议的用能单位或行业组织在一定时期内需要完成的节能目标；②政府承诺给予完成目标的用能单位或行业组织相应的激励政策，可以在利息、财政和税费等方面给予优惠，也可以是社会荣誉或认可。需要强调的是，节能自愿协议中的“自愿”是一种有条件的“自愿”（史兆宪和赵旭东，2010）。目前，我国开展的节能自愿协议以政府为指导，充分调动用能单位的积极性，促进企业节能减排。

4.1.2 节能自愿协议的类型

节能自愿协议的具体形式和种类多种多样。可以根据参与者的参与原因、参与形式、参与程度与协商内容、协议形式及协议的法律约束力对节能自愿协议进行划分。

（1）根据参与者的参与原因分类

根据企业参与节能自愿协议是出于自身需要，还是迫于政府或政策压力，可以将节能自愿协议划分为完全自愿型、威胁型和征税型。

完全自愿型指因自愿承诺节能减排，企业会得到政府的鼓励和支持（如提供信息、公开化和技术支持等激励措施），如澳大利亚的温室气体挑战计划。

威胁型指如果企业不参与节能自愿协议，政府将制定更严格的能源法规或税收，如法国、德国和荷兰的节能自愿协议。

征税型指企业加入节能自愿协议是由于税收原因，某种程度上具有强制性，企业只有加入协议才能免除能源税或温室气体税，如英国的气候变化协议。

（2）根据参与者的参与形式分类

根据与政府签订协议的相对方的数目，可以将节能自愿协议划分为单独协议和集体协议。

单独协议指与政府签订协议的相对方只有一方的节能自愿协议，包括三种形式，即相对方为行业协会，相对方为企业，相对方为行业协会与企业。绝大部分国家采用政府与行业协会签订协议的模式。政府常选取高能耗或是在节能领域活跃的行业组织签订节能自愿协议，这样有利于将节能减排理念在更大的范围内推广。弊端是由于缺乏与企业的直接接触，政府的监督只能针对行业协会，会使一些企业“搭便车”。

集体协议指与政府签订协议的相对方为多方的节能自愿协议。当一些企业在工业流程、能源使用方式及生产产品等方面相似时，政府可以考虑采取集体协议模式。较单独协议而言，集体协议可在很大程度上降低政府的管理成本。另外，加入协议的企业之间也能通过相互合作、信息共享达到降低成本的效果。集体协议最初源于以行业协会作为相对方的单独协议，因此，其有效性很大程度上依赖于行业协会的积极性。

（3）根据参与双方的参与程度与协商内容分类

根据参与双方的参与程度与协商内容，OECD 把节能自愿协议分为经磋商达成协议型、公众自愿参与型及单方承诺型三种类型，实际采用的协议也可能是前两种类型的组合。

经磋商达成协议型协议指政府与用能单位就特定的节能减排目标经磋商达成的协议。磋商过程中，双方就参与方的权利与义务和节能时间表等相关问题进行谈判。如果用能单位在规定时间内没有达到节能减排的目标，政府会实施某种更为严格的、惩罚性的政策措施，如碳税和能源税等。

公众自愿参与型协议指政府规定用能单位必须满足一系列条件，用能单位根据自身条件自愿选择是否参与到协议中的一种节能自愿协议。此类协议的典型代表是“菜单型自愿协议”，即政府给出一个设计好的政策“菜单”，用能单位根据自身的情况决定是否参与及参与程度，如丹麦的工业能效协议。

单方承诺型协议指用能单位或行业协议单方面对社会做出节能减排承诺的协议，协议中没有政府的参与，如日本经济组织联盟计划。

（4）根据节能自愿协议的形式分类

可以根据节能自愿协议的形式将其划分为正式节能自愿协议和非正式节能自愿协议。相对而言，正式节能自愿协议对用能单位更具有约束力。

正式节能自愿协议是政府（或政府委托的第三方）与行业协会或用能单位签订的正式资源合同，合同中会明确列明签约各方的责任与权力。在行业节能规划框架内，协议确定行业协会或用能单位承担的任务、时间进度及规定时间内的需完成的节能目标，同时确定政府给予完成企业的优惠鼓励政策。

非正式节能自愿协议指用能单位自我履行承诺，自己设定节能目标，自行监督协议的实施效果，定期向有关政府部门或行业协会上报相关节能成果的节能自愿协议。企业如果实现节能目标，政府将给予相应的鼓励和优惠政策。这种形式的协议易被用能单位接受，可操作性较强。

（5）根据节能自愿协议的法律约束力分类

还可以根据协议的法律约束力将节能自愿协议分为具有法律约束力型协议和不具有法律约束力型协议。

具有法律约束力型的协议的本质是政府与用能单位或行业协会之间的一种合同，受相关法律的约束，部分经磋商达成协议型协议属于这种类型。

不具有法律约束型协议又称“纯自愿”节能协议，这种协议不受法律约束。行业或用能单位就节能减排做出承诺，并得到政府代理部门的认可，但企业违反承诺不会受到惩罚，含有这种意义上的节能自愿协议才是真正完全的自愿。

4.1.3 节能自愿协议的特点

节能自愿协议自应用实施以来，由于其灵活性好、适用性强和成本低等诸多优点有效弥补了法律及行政等强制性手段的不足，越来越受到政府和用能单位的欢迎。但同时，节能自愿协议也存在很多缺点和不足，需要在应用实施中不断改进。

1. 节能自愿协议的优点

（1）灵活性好，适应性强

用能单位参与节能自愿协议通常是为了规避政府更严厉的政策法规，如能源税和碳税等。相对于政策法律等强制性约束，用能单位更愿意“自愿”承担节能减排义务，即用能单位承诺达到一定的节能目标后，政府提供较宽松的政策环境。用能单位可以自主、灵活地选择节能项目和技术以实现节能减排目标，因此，用能单位的自主性大大增强。

除此之外，不同国家、不同行业及用能单位可以在借鉴他国经验的基础上，根据自身的情况，灵活地选择节能自愿协议的实施形式和实施要求，这也是节能自愿协议灵活性好、适应性强的体现。

（2）成本低

与政策及法规等强制性节能减排手段相比，节能自愿协议能以更低的成本实现节能减排目标。经测算，通过节能自愿协议，荷兰碳减排的成本约为 50 美元/t，比单纯采用财政补贴成本（90 美元/t）节约了 44%。

另外，有关研究表明，以用能单位的根本利益为出发点，从长远发展的角度考虑，使用节能自愿协议等经济激励性节能政策工具要优于政策法令等强制性手段。

（3）兼顾节能与减排

20 世纪 90 年代，国际上对二氧化碳减排的磋商尚无明确意见时，许多欧洲国家已经将自愿协议作为二氧化碳减排的国家政策，如欧美等国家的温室气体减排政策中包含了节能自愿协议。里约热内卢“气候变化框架会议”召开及《京都议定书》签订后，许多国家采用节能自愿协议作为碳减排的一种手段，规定用能单位或行业节约能源量，从而达到减排二氧化碳的目的。

（4）有利于政府与用能单位良好关系的确立

节能自愿协议采用“自下而上”的环境管理理念，有利于推动用能单位自愿加入到节能减排的工作中，增加与政府的交流，建立政企合作良好的信任关系。

另外，由于协议双方都参与其中，体现了一定的公平性，也有助于形成合作的平等关系。

2. 节能自愿协议的缺点

（1）透明度较低，不利于对协议各方进行监督

不同于政策法规一旦颁布就会公布于众的高透明度，节能自愿协议只在协议双方（可能包括第三方委托机构）之间公开，没有主动邀请社会公众的参与，透明度较低，不利于对协议各方进行监督。

（2）违约惩罚措施不明确

由于节能自愿协议是建立于自愿的基础上，约束力较法律政策等强制性措施弱，存在违约惩罚不明确的情况。从欧美等发达国家的节能自愿协议实践状况来看，许多国家缺乏对未完成目标的用能单位或行业的处罚措施，这使得协议变成一纸空文。

（3）可能出现“搭便车”现象，影响公平性

节能自愿协议常在行业中实施，参与企业一般需要进行能源审计，能源审计的成本是节能自愿协议实施中的主要成本。另外，在跟踪项目进展，了解项目实施及目标完成情况时，需要十分重视检测和报告工作，这样也会增加企业的投入。因此，有些企业观望而不行动，获得相较于参与协议企业的短期利益，存在“搭便车”的现象。

（4）协议存在局限性

协议本身存在一定的局限性，这主要体现在对用能单位政策的安全保障性方面。协议期间，不可避免地出现由于科学出现新进展而降低节能减排成本，以及国际节能减排的标准会提高等情形，节能自愿协议的内容需要及时更新。现阶段管理机构向用能单位提出新的节能减排要求的权利受到限制，为了避免这种局限性，节能自愿协议中应包括再议条款。

4.1.4 节能自愿协议双方及其主要责任

节能自愿协议一般是由用能单位或工业行业与政府签订的。在某些情况下，特定的中介组织也会加入协议，成为第三方主体，在节能自愿协议的制定、实施及成果考查等阶段发挥重要的作用。节能自愿协议作为节能减排的一项措施，其目标是否能够顺利完成，很大程度上取决于协议双方（包括第三方主体）在责任上的配置。作为节能自愿协议的双方，其对协议的责任主要体现在权利的行使及义务的履行上（罗晓萌，2008）。

（1）政府

政府作为节能管理的行政主体，其在节能自愿协议中的权利主要表现为监督管理权，这也是节能自愿协议与一般民事合同的主要区别。首先，在协议履行过程中，政府负有监督企业按照协议规定达成节能目标的责任，因此，拥有与此相关的一系列权利，如对用能单位进行能源审计、审查用能单位的节能计划书和评估用能单位提交的报告书等。其次，当国家法律、政策发生变化时，为了公众利益的需要，政府有权单方面变更或解除合同。最后，政府还具有对违约用能单位的制裁权。即在节能自愿协议中，用能单位违反合同规定，又不能提出合理理由，政府可以直接采取终止协议、取消并收回给予用能单位的优惠政策，或者给予其更严格的法律制裁等手段制裁有关企业。

在节能自愿协议中，政府的义务主要体现在三个方面：第一，为签订协议的用能单位提供支持和优惠条件；第二，协助用能单位完成节能目标，如提供相应的节能技术信息等；第三，政府单方面变更或解除协议对用能单位造成损失时，应给予用能单位适当的补偿。

（2）用能单位

总体而言，用能单位的权利是享受政府给予的各项优惠政策，义务是按照要求履行协议，并接受政府监督。

为调动用能单位参与的积极性，政府通常会在节能自愿协议中赋予该企业某些权利。用能单位的首要权力是能够享受政府的财政支持和税收优惠等，相较于未参与企业，参与协议者享有规避政府为提高效能所制定的更为严厉的法律法规等权利，并有利于其树立良好的社会形象。在协议协商、实施及执行过程中，用能单位同样拥有监督政府履行承诺的权利。如果因政府单方面变更或解除协议给用能单位造成极大损害，用能单位有权要求政府赔偿。

用能单位的义务主要包括制定节能计划、实施节能计划及定期向指定部门提交报告三个方面。如果是行业协会与政府签订协议，则其义务主要是履行协议，促进政府与用能单位之间的信息传递和交流，刺激行业内的用能单位尽可能多地参与到协议中来。这种形式的协议目前多见于欧美等国家，在我国还没有出现。

（3）第三方机构

除政府与用能单位外，中介机构和支持机构等第三方机构在协议中也发挥着不可缺少的作用。节能自愿协议的制定、实施和监督，需要细致的沟通与磋商及相应的技术和专家支持，而政府缺乏专业知识及充足的人力、物力，具有专业背景的第三方机构应运而生，成为政府与用能单位沟通的纽带。

4.2 国外节能自愿协议的发展概况

节能自愿协议是目前国际上应用最广泛的一种非强制性节能措施，虽然各国的节能自愿协议名称不同、组织各异，但其本质都是由整个工业部门或单个企业为提高能源利用效率，在自愿的基础上与政府达成的协议，并在政府的支持下，按照预期目标而进行的自愿行动。节能自愿协议可以有效地弥补行政手段的不足，发达国家（如日本和美国及欧洲发达国家等）均采用该种政策措施来激励企业自觉进行节能与环境保护，并获得了巨大的成功。

4.2.1 国外节能自愿协议的发展及现状

迄今为止，全球 10 余个主要发达国家，如荷兰、丹麦、德国、加拿大、英国、美国、法国、日本、澳大利亚、芬兰和挪威等都采用了节能自愿协议制度来激励企业自觉节能，成效显著。

（1）荷兰

荷兰是节能自愿协议应用最早、覆盖面最广、实施效果最好的国家之一。荷兰人甚至自豪地宣称："荷兰的工业界在与政府进行能源利用和温室气体排放目标的协商方面，具有比世界上任何其他国家都要丰富的经验"。其中，长期能效协议（the Long Term Agreement on Energy Efficiency Improvement）和能效标杆合约（Benchmark Covenant）在节能减排方面的收益显著，值得研究和学习。

荷兰在 1989 年修改的《国家环境政策规划》和 1990 年颁布的《国家环境政策规划补充条例》中明确指出"荷兰缔结的自愿式协议是政府和行业之间正式协商的、具有法律约束力的、并期望行业内的所有企业都参与的协议"。

荷兰作为积极应对气候变化的国家之一，在《京都议定书》中承诺"以 1990 年的能耗为基础，在 2008～2012 年将温室气体减排 6%"。随后该目标也被纳入了第二个《国家环境政策规划》，即"以 1990 年的温室气体排放量为基准，截至 2000 年底将二氧化碳排放总量降低 3%"。为了保证工业行业顺利完成《国家环境政策规划》中制定的上述环境目标，荷兰经济部发起了旨在提高能源利用效率的第一次长期能效协议，其总目标是以 1989 年企业的能效水平为基准，截至 2000 年底将企业的能源利用效率提高 20%。该目标显著高于工业行业的常规发展轨迹。在第一次长期能效协议框架下，经济部先后与个 31 工业行业（包括 1250 家企业）和 13 个非工业行业缔结了协议，这些行业的能源消耗占荷兰工业能源消耗总量的 90%以上。截至第一次长期能效协议结束时，能效共提高了 22.3%，相当于节能近 16 万 J，每年减排二氧化碳 900 万 t。经测算，LTA 为荷兰工业部门带来的年经济效益高达 7 亿欧元。鉴于第一次长期能效协议取得的显著成效，政府部门欲发起第二次长期能效协议，但大型企业认为如果 2000～2012 年再将“能效提高”作为协议目标不太妥当：一方面，对其不公平；另一方面，影响其参与市场竞争的能力。

通过与大型企业磋商，荷兰政府于 1999 年针对大型企业发起“能效标杆合约”，其目标是促使参与者成为全球同行业中能效利用效率跻身前 10%的最佳企业；于 2000 年针对中小型企业发起第二次长期能效协议，其目标是 2009～2012 年，参与企业的能效平均每年提高 2.2%。与第一次长期能效协议相比，第二次长期能效协议的目标已扩展到关注产品生产过程、生产产品的能效及可再生能源等其他相关领域。

2007 年 7 月欧盟主要成员国政府部门之间缔结了联盟协议，该协议制定了“欧盟成员国以 1990 年的温室气体排放量为基准，到 2020 年降低 30%，以及到 2020 年将再生能源利用量提高到 20%”的目标。

荷兰结合自身实际条件，集约化处理第二次长期能效协议和能效标杆合约，并于 2008 年形成了第三次长期能效协议（LTA3）。LTA3 主要适用于未加入欧盟交易体系的公司，其目标是截至 2020 年项目结束时，将前述欧盟联盟协议中的减排目标和可再生能源比例翻一番，即温室气体减排 60%，再生能源利用量提高至 40%。

（2）加拿大

1975 年，加拿大工业界自发地开展了工业节能活动（CIPEC），有近 700 家公司参与。而政府也逐渐认识到强制性政策法案并不比市场机制对工业界提高能效的影响大，因而积极倡导实施鼓励性政策和措施，推动工业节能活动。1990～1992 年，由于全球变暖问题日益加重，亟需出台针对耗能工业行业的新政策，政府提出了“绿色计划”和“可替代与高效能源计划”，并在自然资源部之外设立了国家级秘书处，加强与行业内企业间的合作。加拿大的工业节能活动促进了工业结构的改变，疏通和建立了政府与工业界的合作渠道，使整个工业界自愿地参与制定能效和减排目标，调动了工业节能活动的自愿性。

2005 年 4 月 5 日，加拿大汽车工业宣布了一项与加拿大政府所签订的自愿协议，目标是到 2010 年底，使全行业温室气体的排放量减少 530 万 t。该目标的确定建立在 1999 年政府交通气候变化影响表及汽车行业温室气体排放数据的基础之上。汽车工业提出的具体行动计划包括促进节能及减少温室气体排放的技术研发推广；追求汽车相关设计及工艺改进；鼓励替代能源的使用；帮助提高公众意识及普及相关知识等。

（3）美国

美国的环境自愿性协议项目已在各个领域得到了广泛应用。这些环境自愿性协议项目是由政府及非政府组织发起，如1991年USEPA发起的“工业有毒物质项目”是先例，该项目在美国有毒化学物质排放清单（toxic release inventory，TRI）制度基础上派生出来，USEPA与释放清单上工业化学有毒物质的企业达成自愿性协议。

20世纪90年代后，美国大力推行环境执法和环境管制改革，鼓励使用包括谈判协议在内的各种环境管理创新手段。其中，最著名的自愿性协议项目是XL项目（project XL）与共同观念创制项目。XL项目由USEPA和利害关系人就特定的公司和其他实体（还可能包括其他政府机构，甚至整个社区）进行谈判，对企业采用创新的环境管理、审计和报告项目等给予一定的管制上的放松，即允许以承诺取得优异的环境表现的项目换取政府在执行法律规制上的放松。共同观念创新项目与XL项目不同，它试图通过管制性的合同来影响所辖的特定工业界，使环境管制更适合于特定行业情况。此外，美国政府还实施了“能源之星”“气候智星”“绿色照明”“废物能”和“电机挑战”等许多由公司或公众自愿参加的节能环保项目。

4.2.2 节能自愿协议发展的国际经验

随着经济与社会的不断发展，仅依靠传统的环境行政方式，已经不能满足日益复杂的环境保护需要，环境问题的复杂性要求处理方式的多样性。荷兰、丹麦、加拿大和美国等国环境自愿协议的产生与发展顺应了环境保护实践发展的需要，并且凭借其灵活性好及适应性强等特有优势使得各国相继采用，成效显著。我国在发展节能自愿协议时，应充分借鉴国外的先进经验。

（1）节能自愿协议与法律可以相互作用

实施节能自愿协议的国家一般来说环境政策法规较为健全，企业参加节能自愿协议可以规避严厉的硬约束，从而获得政府提供的更宽松的环境，享受到相关的优惠政策。好的政策措施具有坚实的威慑力，能够加强自愿性手段的作用。也就是说，如果采用的其他手段对企业存在某种意义上的威胁，那么自愿性手段的绩效会得到提高。

在法规并不健全的国家，节能自愿协议也有其存在的必要性和重要性，它可以对法律起补充作用，规避法律制定所需的高成本。例如，日本很早的时候就开始实施节能自愿协议，正是因为当时法规的不完善而更需要节能自愿协议作为补充（周勇，2011）。

（2）节能自愿协议涉及行业领域较广，以高耗能行业为主

在实施节能自愿协议的国家中，许多国家的节能自愿协议涉及的领域主要是高耗能行业，如丹麦、德国、法国；也有一些国家节能自愿协议涉及领域很广，几乎涵盖所有行业，且中小企业占相当大的比例，如荷兰、瑞典、美国、日本。这说明，节能自愿协议的适应性很强，实施方式可以根据各国各行业的具体情况自主选择。

（3）各国节能自愿协议模式不尽相同，并与其他政策手段结合使用

荷兰、法国和德国等国的节能自愿协议内容是由企业与政府经过周密的对话和商讨确定的；瑞典和丹麦的节能自愿协议的内容不以磋商为先决条件，而是在相当大的程度上由政府预先设定，政府部门提供一个预先设计好的政策“菜单”，企业从中挑选；还有一种类型是单方面承诺的协议，即仅由工业部门制定的单方契约，没有任何公共机构参加，目前只有日本的凯单仁计划属于此类。节能自愿协议实施模式的选择关键要适合本国国情，自愿手段一般与“命令控制”型政策、税收手段和许可证交易手段等其他手段组合使用。

（4）建立有效的激励政策

实践证明，激励政策的设计对节能自愿协议的有效实施至关重要。世界各国现行的节能自愿协议项目中，政府采用了包括技术支持、财政补贴、税收优惠和公众认可等各种各样的支持和激励政策，有助于企业实现能效目标或温室气体减排目标。

（5）解决信息不对称问题，建立信息披露机制

如果在节能自愿协议项目中存在严重的信息不对称问题，不仅达不到政策目标，而且可能恶化已有的良好环境，破坏已有强制措施所获得的节能减排成果，最后在产业节能减排方面又不得不回到低效率的老路。节能自愿协议项目要解决信息不对称问题就必须在项目开展中建立良好的信息披露机制，换言之，信息披露机制的有效建立关系着节能自愿协议模式发展的前途。

要使产业自愿节能减排信息得到有效披露，项目设计中需要确保第三方参与。第三方组织也称中介组织，是公众意见表达、社会共识形成的基本形式，是产业自愿节能减排能够成功实施的重要条件，离开了这一媒介，自愿机制的功能作用链条就会断开。没有第三方组织就无法形成社会公众的参与，第三方组织代表了节能自愿协议模式中的反馈和监督机制。在节能自愿协议模式中企业需要向政府及公众发布信息。如果没有很好的回馈和反应机制，企业和社会的互动就不能形成，企业的信息披露就失去了意义。如果不存在信息披露的监督和约束，企业也没有动力改善自己的节能减排行为。要建立有效的产业自愿节能减排信息披露机制，第三方组织的有效参与是关键（刘斌和周勇，2009）。

4.3 国内节能自愿协议的发展概况

4.3.1 国内节能自愿协议的发展及现状

（1）国内节能自愿协议的产生背景

我国能源总量较为丰富，但人口众多使得人均资源稀缺，且能源分布呈现不均衡的特点。我国改革开放带来巨大经济建设成就的同时，粗放型经济增长方式引起的生态资源掠夺与造成的环境破坏触目惊心，环境污染和能源危机日趋恶化，引起了全社会的广泛关注。从解决途径上看，提高能源利用效率有两个途径：一是发展可再生能源；二是促进能源可持续发展。虽然从战略上来说，世界最终将转入可再生能源的永续利用，然而，由于现阶段技术可行性与经济可行性的不足，可再生能源仍然无法撼动传统能源的绝对统治地位，节能是当务之急。提高能源利用效率，节约能源利用，可以为人类在传统能源最终告罄前研发出足以支撑现代社会发展的新能源赢得宝贵的时间，以完成能源可持续发展的长远目标。

当前我国正处在政府转变职能、企业融入国际经济大循环、建立和完善社会主义市场经济的重要时期。面对日趋激烈的市场竞争和日益严重的能源和环保压力，政府如何引导工业行业（企业）从技术、管理、信息、工艺设备和品牌形象等方面降低成本、扩大市场，已成为我国工业行业（企业）能否顺利实现可持续发展战略的迫在眉睫的问题。

摈弃单纯地依靠行政控制方式节约能源的观念，建立节能自愿协议机制是保证能源合理有效利用的途径。通过签订节能自愿协议的方式来管理、利用能源，采用市场机制调整、走产业化道路，从而达到环境保护与经济共同繁荣的可持续发展目的。

（2）国内节能自愿协议的启动

1999 年 10 月，中国启动第一个节能自愿协议项目。该项目作为中国可持续能源项目——“建立中国节能法规基础体系”项目的子项目，由美国能源基金会提供资金支持，美国劳伦斯伯克利国家实验室提供技术支持，并由原国家经济贸易委员会与美国能源基金会共同实施，中国节能协会具体组织（富舸，2005）。经过多方调研和筛选，中国节能协会“节能自愿协议”项目组选定在山东钢铁行业开展节能自愿协议政策的试点工作（钱涛，2006）。

（3）国内节能自愿协议的初步实施

2003 年 4 月 22 日，在国家发展和改革委员会的指导和美国能源基金会的支持下，山东省经贸委分别与济南钢铁集团总公司、莱芜钢铁集团有限公司两个企业签订了节能自愿协议，这是我国第一批节能自愿协议，它拉开了节能自愿协议登陆中国的序幕。协议的考核指标涵盖节能、环保、经济领域在内，共计 13 项，试点期限为 2003～2005 年。这两个企业承诺在 3 年内实现“节能 30 万 tce”的目标，这一目标比企业自己以前制定的节能目标高 13.75 万 tce。自此，节能自愿协议逐步被我国各级政府和企业界认识，不断出现尝试自愿性环境协议的探索。

2003～2005 年，节能自愿协议逐步实施。在此期间，莱芜钢铁集团有限公司加大节能管理力度，取得了较好的成绩，协议各项指标基本完成。2005 年吨钢新水消耗达到了 3.5t，并且已有 9 个生产单位实现了废水“零排放”；公司采用新技术，充分回收余热余能，并使工业废渣资源化；提高技术指标，9 个转炉系统实现了负能炼钢。济钢也不断进行技术创新，并采用先进的管理模式，使节能工作不断取得了新的突破和进展。三年来，吨钢综合能耗降为 670kgce，比计划的 735kgce 多降低了 65kgce；同比累计节约 75.8 万 tce，比计划的 24 万 tce 多节约 51.8 万 tce；累计节能价值达 41 691 万元，比计划的 13 200 万元多创造 28 491 万元；累计减排二氧化硫 1.79 万 t，比计划的多减排 13 580t；累计减排二氧化碳 45 万 t，比计划的多减排 31.12 万 t；焦化、烧结、炼铁、炼钢工序能耗也都全部完成了协议计划。

（4）国内节能自愿协议的推广发展

2003 年 4 月至 2004 年 4 月，我国在能源基金会的资助下开展了“节能和减污自愿协议的政策措施研究”项目，目的是根据《中华人民共和国节约能源法》和《清洁生产促进法》的要求，开展理论研究工作，为政府部门提供节能和减污领域实施节能自愿协议的理论基础。项目组通过与国家发展和改革委员会及其他有关政府部门、企业和科研机构的广泛交流和合作，起草了《节能减污自愿协议实施办法》，完成了《节能减污自愿协议激励政策研究报告》。在起草的《节能减污自愿协议实施办法》中，对节能减污自愿协议的内涵和外延、管理机构及其职责、协议的文本和签订、自愿协议执行的监督和评价、激励政策、纠纷解决及法律责任等进行了规范。协议实施一段时间后，大多数企业主要的节能指标都达到了自愿协议中设定的目标，产生了良好的社会效益。

此后，国内陆续开展了一系列能源自愿协议，包括“中国乡镇企业节能与温室气体减排”项目、“中国钢铁行业深入开展能源自愿协议可能性研究”项目、“中国节能自愿协议宣传”项目和“自愿协议方案在中国的工业环境管理中应用的可行性研究”等①，还有“青岛市自愿协议”“节能与减污合作协议实施政策”

① 山东省政府节约能源办公室.“自愿协议问卷调查”反馈统计［EB/OL］. http://www.sdetn.gov.cn/jnb/zhxtc/jnzyxy/webinfo/2007/12/1197939977818500.html,2007-12-19/2012-02-09。

及“世界自然基金会企业自愿减排活动框架”等（汪震宇，2004）。

2006年，南京市来自石化、钢铁、电力、水泥、机械五个行业中的十大耗能企业签订了“节能自愿协议”，完成“在“十一五”期间GDP综合能耗下降20%”的节能降耗目标。2007年4月5日，福建省节能办根据国家发展和改革委员会等五部门《关于印发千家企业节能行动实施方案的通知》（发改办环资〔2006〕571号）的要求和“千家企业节能工作会议”精神，立即进行部署，省内列入“千家企业节能行动”的13家企业积极行动起来，建立健全节能组织机构，制定节能行动实施方案，加强能源统计、计量工作，组织开展能源审计，编制节能规划。与此同时，宁夏回族自治区和河南省等也已经完成了千家企业的能源审计工作[①]。

2006年7月至2007年6月，山东省继续实施了《山东省扩大推广节能自愿协议试点项目》，组织烟台市、潍坊市、泰安市、枣庄市、东营市、菏泽市、滨州市38家企业，从2007年1月1日至12月31日，开展节能自愿协议试点推广工作。各市经（贸）委制定试点方案及目标、措施，提出具体优惠政策和实施意见。企业根据本单位的特点，制定试点方案，设定节能目标，编制节能计划。各市经（贸）委与企业签订节能自愿协议后，要将正式协议文件及附件材料上报省政府节能办。到2007年6月底，全部试点企业均已按照试点方案的要求开展了相关工作，进展顺利，成绩斐然。上半年，38家试点企业共节约能源51.3万tce，减排二氧化硫1.026万t，减排二氧化碳128.2万t，实现节能效益28 215万元[②]。

2010年，《节能自愿协议技术通则（GB/T 26757—2011）》国家标准通过了全国能源基础与管理标准化技术委员会组织的审定，并将其作为推荐性国家标准，报国家标准化委员会批准发布。同年，在江西省工业和信息化委员会的组织下，九江市共青城开放开发区管委会与江西共青鸭鸭集团、江西启维光伏科技股份有限公司签订节能自愿协议，标志着江西省第一个节能自愿协议正式实施。

2011年，为贯彻落实“十二五”规划纲要，推动重点用能单位加强节能工作，强化节能管理，提高能源利用效率，根据《国务院关于印发“十二五”节能减排综合性工作方案的通知》（国发〔2011〕26号）要求，国家发展和改革委员会、教育部、工业和信息化部、财政部、住房和城乡建设部、交通运输部、商务部、国务院国有资产监督管理委员会、国家质量监督检验检疫总局、国家统计局、银行业监督管理委员会、国家能源局制定了《万家企业节能低碳行动实施方案》。

同年，在此前已有51家企业签订节能自愿协议的基础上，山东省淄博市鲁中

① 中国节能协会, 福建、宁夏等省千家企业能源审计全面完成[EB/OL]. http://www.cecaweb.org.cn/CN/News/2007-05/EnableSite_ReadNews728361180540800.html, 2007-05-31/2012-02-09。

②中国节能协会. 山东节能协议试点及推广[EB/OL]. http://www.cecaweb.org.cn/CN/News/2008-05/EnableSite_ReadNews7411281210521600.html,2008-05-12/2012-02-09。

水泥股份有限公司、华联矿业股份有限公司和瑞阳制药有限公司等 22 家企业分别与淄博市经济和信息化委员会签订了节能自愿协议，承诺通过优化提升工艺水平，加大节能改造力度，当年实现节约标准煤 13 068 万 t；同时，按照《淄博市节能自愿协议深化试点实施方案》的规定，市经信委将对签订节能自愿协议的企业进行跟踪指导和监督，并为试点企业提供政策支持。

不仅各个省市大力推行节能自愿协议，各行各业也都积极响应。节能自愿协议覆盖了钢铁、水泥、化工、建筑和交通等高能耗行业，还涵盖了中国移动及华为等在内的通信行业与半导体行业等。移动公司还与 53 家主要供应商签定“绿色行动计划”战略合作备忘录，制定通信设备能效分级标准，合作研发基站节能型空调，推广 SIM 卡小卡化和回收再利用。

（5）国内节能自愿协议的现状

自节能自愿协议引入以来，我国已经采取了多种措施，积极推进节能和提高能效的工作。1990～2005 年，我国单位 GDP 能效提高了 47%，政府部门随即提出在 2005 年基础上，力争到 2010 年单位 GDP 能耗再降低 20%。

通过对千家企业 2009 年节能目标完成情况和节能措施落实情况的综合评分，901 家企业中，568 家考核结果为超额完成等级，占 63.04%；288 家考核结果为完成等级，占 31.96%；17 家考核结果为基本完成等级，占 1.89%；28 家考核结果为未完成等级，占 3.11%。2009 年共实现节能量 2925 万吨 tce。

我国在 2009 年底哥本哈根会议前已承诺：2020 年在 2005 年基础上实现单位 GDP 二氧化碳减排量达 40%～45%，非化石能源占一次能源比重为 25%，增加森林覆盖率达到 13 亿 m^3。该目标分三个阶段达成：2006～2010 年作为第一阶段，目标是要实现单位 GDP 能耗降低 20%，可再生能源占 10%，森林覆盖率达到 20%；第二、第三阶段分别为 2011～2015 年、2016～2020 年，即“十二五”规划和“十三五”规划。在“十三五”规划期间，中国将继续设定非常严格的节能减排指标。

2010 年，江西省节能自愿协议试点工作全面展开，有 126 家工业企业承担节能减排任务，其中，70 家企业已提前完成“十一五”节能减排任务目标。山东省《2010 年全省节能工作要点》中提出：2010 年底全省参加节能自愿协议的企业达到 500 家，此前的 2009 年 8 月，山东人民出版社出版了《山东省节能自愿协议指南》一书，从节能自愿协议的概念、国内外节能自愿协议的发展谈起，重点介绍了山东省节能自愿协议试点的操作、效果及意义，详述了山东省分三批在 140 家企业推广实施节能自愿协议试点的经验及成果。

节能与环保已成为我国各级政府、环保部门和企业工作的重要任务。《中华人民共和国国民经济和社会发展第十一个五年规划纲要》提出了“‘十一五’期间单位 GDP 能耗降低 20%左右，主要污染物排放总量减少 10%”的约束性指标。但是，在整个“十一五”规划的进行中，与经济增长良好态势形成鲜明对比的是，我国节能工作仍存在责任不明确、措施不配套和政策不完善等问题。为了实现节能目标，国务院制定了一系列的措施，包括加强机关单位和公民等各类社会主体的责任，促使公民自觉履行节能和环保义务，形成以政府为主导、企业为主体、全社会共同推进的节能减排工作格局，这些都为节能自愿协议在中国的进一步推广奠定了坚实的政策基础，而在这个过程当中，节能自愿协议这一制度形式将发挥重大的作用（竟晓溦，2011）。

4.3.2 国内节能自愿协议的实践经验

节能自愿协议在中国的实施不可能一蹴而就，作为工业化发展的后起国家，节能减排工作的推进时间可以缩短但不可跨越。借鉴西方发达国家节能自愿协议开展的实践经验可以发现，其成功实施离不开个体企业和产业界抢先行动的动机，这一动机得以形成的原因可归结为：政策制定中政府与企业需要信息权衡；生存压力下产业界需要积极自救。有学者指出，企业之所以会签订节能自愿协议，实施节能减排，与其抢先行动动机（proactive motivation）紧密相关。抢先行动动机促使企业参与自愿型产业节能减排项目，可以说节能自愿模式的政策设定是否有效，执行效果如何有赖于政策制定者对产业界或者企业抢先行动动机的激发（Tyteca et al.，2010）。节能自愿协议能否在中国成功实施关系到中国经济社会环境能否和谐发展，可见，抢先动机的研究对中国产业节能自愿协议的实施具有重要的理论和现实意义。

国家依据相关政策法规对签订节能自愿协议的企业进行节能奖励，地方政府在政策设计时往往还会设计一定的政策倾斜措施。例如，山东省在最开始进行节能自愿协议试点之时，省经济贸易委员会提出五项鼓励政策，包括对已有的优惠政策优先考虑节能自愿协议试点企业，协调省担保公司对试点企业节能项目的贷款等融资活动给予担保，在媒体上宣传试点企业节能工作业绩和贡献，组织中介机构为试点企业提供咨询服务，经评审对试点企业能源利用状况实行免予检测（王立亭，2009）。

由于节能自愿协议没有国家节能目标的强制性约束，实施过程难免出现部分企业不理解、不配合的情况，需要政府部门多次动员才能说服其来签订协议。可见，协议内容中对企业的激励政策尤其重要，而现实中激励政策的不足往往制约了节能自愿协议的推广。为使国家提出的节能目标落到实处，拓宽节能自愿协议的接受范围，政府及有关部门可从以下几方面考虑：①出台鼓励企业实现节能目标的支持性政策，包括政策支持、财政支持、融资支持和技术支持等；②在能力范围内尽可能协调企业和相关方面的关系，以促进节能目标的实现；③对参加节能自愿协议并实现目标的企业大力宣传推广，倡导企业提高生产能效，推动工业企业的节能工作迈上一个新台阶；④要有计划、有步骤地在工业系统开展节能自愿协议的推进工作，按照先重点耗能企业、后一般耗能企业，先重点耗能行业、后一般行业，先易后难的顺序推进（徐海，2007）。

从长远来看，节能自愿协议将既是政府在转变职能条件下进行能源管理和重点用能单位、千家企业管理的有效方式，也是企业推进节能管理和节能技术进步的方法，还是落实科学发展、促进高耗能行业发展的方式。

4.4 节能自愿协议的技术支持体系

4.4.1 节能自愿协议的实施程序

根据我国节能自愿协议的试点经验总结和近年来的各地实践可以看出，我国节能自愿协议模式不断完善，逐步形成了一套适合我国国情的节能自愿协议实施程序，如图 4-1 所示。

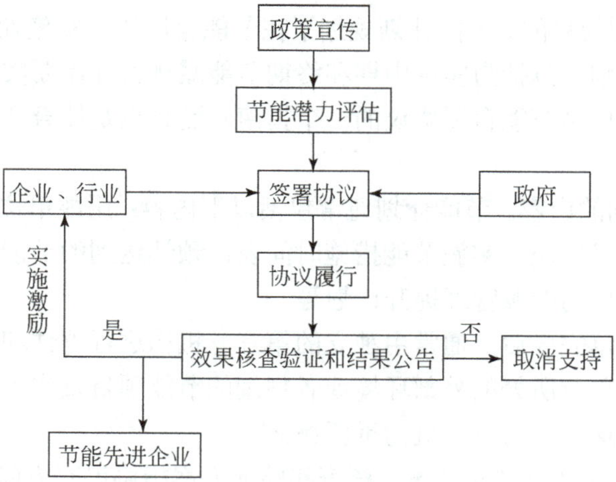

图 4-1 节能自愿协议实施程序

1. 评估参加节能自愿协议用能单位的节能潜力，确定节能基准

对有意参加节能自愿协议的用能单位进行节能潜力评估，是实现节能自愿协议的重要环节之一。通过节能潜力评估，协议各方可以充分了解用能单位目前的

能源消费情况、节能管理状况和节能措施实施情况等节能方面的内容。这些内容是协议各方磋商设定协议目标时必须掌握的，是设定具有挑战性且可实现的节能减排目标的必备条件。只有完成了节能潜力评估，用能单位才可以进一步制定节能减排目标及节能计划。

2. 确定节能自愿协议实施期限、节能减排目标、节能计划、节能效果和验证方案

（1）确定实施期限和节能减排目标

节能自愿协议实施期限和节能减排目标在协议中同时设置，分为中期节能减排目标（一般为 3～5 年）和终期节能减排目标（一般为 8～10 年）

（2）用能单位制定节能计划

节能计划指节能自愿协议实施期间，用能单位为提高能效所制定的具体实施方案，包括实时协议期间内节能减排目标将要实施的措施及时间表。节能计划是节能自愿协议活动方案，也是协议效果核查和验证的依据。节能计划应与用能单位的质量体系、环境体系、安全体系及能源体系等相协调。用能单位按签署的节能自愿协议要求，根据节能潜力评估结果，制定详细的节能计划，规划出用能单位如何实现节能自愿协议中期和终期的节能减排目标。

1）节能计划的目的。节能计划规划了在节能自愿协议实施期间，用能单位提高能效的行动计划，包括为实现中期和终期节能减排目标需要实施的节能技术措施。节能计划不仅是节能自愿协议的一个指南，而且也是核查和验证自愿协议节能效果的依据。

2）节能计划的内容。节能计划通常包括以下内容：用能单位的用能情况；将要采取的节能技术措施；实施节能措施时间表；预计达到的节能成果；核查和验证计划；用能单位的能源管理提升计划等。

节能计划起草完成后，通常由独立的第三方机构进行评估和批准，提出修改建议。如果用能单位所处的外部环境或者规划的节能项目发生了变化，节能计划应重新修改，并递交给第三方机构重新评估。

3）节能效果核查和验证方案。核查和验证方案指协议双方商定的，在节能自愿协议实施过程中，进行核查和验证的工作方案与内容。节能自愿协议签署前，协议各参与方应明确规定好节能自愿协议实施期间如何监督用能单位实现设定的协议节能减排目标，保证核查和验证结果的权威性。通过选定核查和验证专家、规范核查和验证程序、依据节能设计规范和标准和对项目进行节能监测等手段制定核查和验证方案。

3. 确定节能自愿协议的激励政策

节能自愿协议政策模式成功与否的关键取决于激励政策、管理体制和指标评估体系等支持政策的设计，其中，最核心的是激励政策设计。激励政策主要包括技术支持和信息发布、政府和公共认可、审计和评估、税收和法规的免除及财政支持等措施，是鼓励用能单位参与节能自愿协议的重要因素，使用能单位能够将节能这一公共目标与自身的经济目标充分结合。激励政策的制定必须考虑用能单位的要求和期望，也必须根据政府的实际能力。各国根据各自国情和文化传统，为节能自愿协议的实施制定了各种各样的激励政策，支持和帮助用能单位实现节能减排目标。

4. 签署节能自愿协议文本

协议文本是节能自愿协议项目实施的重要载体，应包括节能自愿协议各参与方、能效基准、实施期限、节能减排目标、协议各参与方的权利和义务及能效核查和验证方案等主要内容，协议各参与方也可根据各自情况和内容，设计专门的节能自愿协议文本。

5. 实施节能自愿协议，并对节能效果进行核查和验证

核查验证指通过测量、计算和分析等方式确定能效基准及节能量，核查节能减排目标达成情况的过程。通过确认用能单位实施节能自愿协议后取得的节能成果，确定节能自愿协议的政策效果，即比较签署节能自愿协议的用能单位比没有签署节能自愿协议的单位可以多实现的节能量。核查验证由独立的第三方机构核查用能单位上报的年度监督报告，并负责用能单位整个协议实施过程的监督。

在节能自愿协议执行过程中，协议的目标因为特殊原因和实际情况变化（如用能单位加入或退出、排放交易的进行、产业结构变化）应进行适时调整。如果协议执行方提出由于政府出台新举措等原因使得协议目标没有实现，协议可以延期，但要提交相关报告进行解释说明。

6. 节能自愿协议验收

对用能单位节能自愿协议目标年结束后进行综合评估考察，以确定协议中设定的各项节能减排项目的完成情况。验收方法以每年度的进展报告、第三方机构的核查验证资料为依据，结合相应的监测手段，最终出具节能自愿协议验收报告。

4.4.2 节能考核评价指标体系

从长远来看，节能自愿协议既是政府在转变职能条件下进行能源管理和重点用能单位、千家企业管理的有效方式，也是企业推进节能管理和节能技术进步的方法，还是落实科学发展、促进高耗能行业发展的方式。

对加入协议的企业进行节能减排潜力评估，是实施节能自愿协议的重要环节之一。通过潜力评估，协议各参与方可以了解企业目前的能源消费和污染物排放情况，以及节能环保措施实施情况等信息。这些信息是各参与方磋商设定具有挑战性且可实现的节能目标时必需的。只有在完成节能减排潜力评估后，企业才可以进一步制定节能目标及节能计划。

1. 企业节能潜力评估

国际上，企业节能潜力评估一般采用的方法包括企业能源审计、技术评估、企业能耗基准或以上几种方法的综合。2006 年 4 月 7 日，国家发展和改革委员会、国家能源办、国家统计局、国家质量监督检验检疫总局和国务院国有资产监督管理委员会制定并下发了《千家企业节能行动实施方案》，决定在全国钢铁、有色、煤炭、电力、石油石化、化工、建材、纺织和造纸 9 个重点耗能行业组织开展千家企业节能行动，要求各企业按照《企业能源审计技术通则》（GB/T 17166—1997）的要求，开展能源审计并编制审计报告，通过能源审计，分析现状，查找问题，挖掘潜力，提出切实可行的节能措施，在此基础上编制企业节能规划，并提出年度实施计划。建议结合国家发展和改革委员会的节能行动，采用企业能源审计的方法进行节能潜力评估。

2. 企业污染减排潜力评估

目前国内外还没有成熟的污染减排潜力评估方法，本研究认为，清洁生产审核可以作为污染减排潜力评估的基本方法。清洁生产审核包括筹划与组织、预评估、评估、方案产生与筛选、可行性分析、方案实施、持续清洁生产七部分。清洁生产审核的重点包括以下六部分。

（1）现状调研

掌握企业的生产状况、环境保护状况和管理状况，重点考察各产污排污环节中水耗和（或）能耗大的环节或部位。同时对比国内外同类企业产污排污状况；初步分析产污原因；评价企业环保执法状况；对企业产污排污状况的真实性、合理性及有关数据的可信度，予以初步评价。

（2）确定审计重点

首先根据所获得的信息，列出企业主要问题，从中选出若干问题或环节作为备选审计重点，一般选取污染严重的环节或部位和消耗大的环节或部位。采用一定方法，把备选审计重点排序，从中确定本轮审计的重点。审计重点的确定一般采用为权重总和计分排序法。

（3）设置清洁生产目标

清洁生产目标是针对审计重点的定量化、可操作并有激励作用的指标。要求不仅包含企业减污、降耗或节能的绝对量指标，还要有相对量指标，并与现状对照，将其分为近期和远期，以体现时限性。

（4）清洁生产方案的产生和筛选

通过物料平衡和对废弃物产生原因的分析、广泛收集国内外同行业先进技术和组织行业专家进行技术咨询等方式提出清洁生产方案；分类汇总各方案，采用权重总和计分排序法对各方案进行筛选和排序；对经过筛选得出的初步可行的中/高费清洁生产方案进一步研制，提供两个以上方案，供下一阶段做可行性分析。

（5）可行性分析

在市场调查和收集一定资料的基础上，进行方案的技术、环境、经济可行性分析和比较，从中选择和推荐最佳的可行方案。

（6）方案实施

通过推荐方案（经分析可行的中/高费清洁生产最佳可行方案）的实施，使企业实现技术进步，获得显著的经济和环境效益；通过评估已实施的清洁生产方案成果，激励企业推行清洁生产。

值得注意的是，借鉴国外的经验，节能减排潜力评估应由专业的第三方机构完成。结合我国的现状，节能减排潜力评估可由当地的节能协会完成，清洁生产审核由具备清洁生产审核资质的单位负责。

4.4.3 节能目标体系

1. 节能目标类型

在节能自愿协议中，协议目标设定有 3 种基本类型，即绝对目标、能耗目标和经济目标。

（1）绝对目标

绝对目标指在节能自愿协议实施期间，对用能单位设定一个必须达到的能耗标准（二氧化碳排放或温室气体排放标准）。例如，某钢铁厂2005年综合能耗为280万tce，2010年将综合能耗降为220万tce，该目标即绝对目标。

绝对目标的优点是能给出一个明确的能源使用减少量或排放减少量，适合于核定污染物减排的情况。缺点是这种类型的目标与产品产量或生产工艺的变化没有直接关系。

（2）能耗目标

能耗目标指计算出用能单位目前的单位产品综合能耗或能效指数，然后再根据用能单位实际情况或政府要求设定目标。例如，某钢铁厂在过去五年里，单位产品综合能耗从每吨钢 1.2tce 下降至每吨钢 0.9tce，平均每年能耗降低为5.6%。根据这样的变化趋势及评估的节能减排潜力，可以将每年的能耗降幅提高至6.5%。以此类推，假设协议期为5年，则单位产品综合能耗目标为每吨钢0.64tce。

能耗目标是目前国外和国内节能自愿协议中使用最多的一类目标，它符合相关节能减排统计考核指标体系的规定，可以减少目标签订过程中指标认定的不确定性。但该目标的设定应视行业或用能单位的能耗和实际工艺情况具体对待，尤其是复杂工序中的单个工序能耗也应在具体目标中体现，这样制定的目标才具有可操作性。

只要计算出用能单位的单位综合能耗，根据历年来的变化趋势或基准，可以设定出能耗目标。单位产品综合能耗对一些产品相对简单地用能单位来说是最有用的。而对生产多种产品的用能单位，最好使用能效指数指标，因为能效指数可以指出用能单位产品结构和产品规模对能耗的影响，能够直接跨行业反映各个用能单位的节能程度，适合用来评价节能自愿协议。

（3）经济目标

与前两种目标相比，经济目标考虑到了提高能效所需增加的成本，通常以用能单位节能量成本表示，也可以用投资回收期或内部收益率（internal rate of return，IRR）表示。投资回报期指用节约的能源成本回收投资所需的时间，这种目标适用于投资回收期不到5年的项目。内部收益率指项目对初始投资的偿还能力或项目对贷款利率的最大承受能力，通常以内部收益率达到某个折现率值时项目在经济上可行作为判断依据。

总之，参与节能自愿协议的用能单位需要根据自己的产品和生产工艺特点及行业能耗统计方法等，参考国际先进水平，选择上述一种或几种目标综合的、合适的目标类型。

2. 设定协议节能减排目标

通过对用能单位节能减排潜力的评估，计算出用能单位当前的能源消费总量的工序用能和能效指标等，并结合用能单位历年能耗降低情况及节能计划等信息，设定用能单位实施节能自愿协议的节能减排目标。

节能减排目标设定的关键步骤有选择目标类型（绝对目标、能耗目标、经济目标）、选择基准年（参考年）和目标年（考察年）、评价背景信息和设定节能减排目标。

（1）选择节能减排目标类型

为与国内及国际协议目标类型设定相一致，通常采用“单位产品综合能耗”和“能耗指数”等能耗基准指标。能效基准应与用能单位规模及产量变化无关，在协议实施周期内具有稳定性。另外，政府节能减排考核指标体系中对重点用能单位节能量（或节能率）的考核也可以作为一种辅助指标。

（2）选择目标年和基准年

目标年指节能自愿协议结束并进行最终评估、考察的年份。基准年是一个参考年，概念的相应数据（指标）是评估目标年各项指标完成情况的参考标准，对比后可判断目标年是否完成了协议预期的指标。

（3）评价背景信息和设定节能减排目标

用能单位向节能自愿协议各参与方提供相关信息，包括近 3 年用能单位能耗总量、用能单位各生产工序耗能量、各工序节能潜力和能效指数等。协议各参与方将根据这些信息及政府为帮助用能单位实现节能自愿协议目标的支持政策，共同磋商确定用能单位的协议节能减排目标。

4.4.4 企业节能效益的综合评价方法

1. 经济效益评价的原则

1）以经济效益为主，进行“有无对比”分析和多方案比选；

2）以价值量分析为主，兼顾实物量指标；

3）以增量分析为主，兼顾总量指标；

4）以项目财务分析为主，综合考虑项目的社会效益，对社会效益进行定量或定性分析；

5）动态分析与静态分析相结合，由厂（站、队）组织实施的小型节能技措项目以静态评价指标为主；

6）费用与效益计算口径相一致。

2. 节能技措项目经济效益评价的步骤

（1）项目财务分析

1）计算项目的投入。

第一，估算项目的投资；

第二，估算项目的成本费用。

2）计算项目的产出：估算项目的收入或项目的节约额。

3）计算评价指标：包括固定资产平均年成本、年成本节约额和投资回收期等指标。

4）对建设年限很长，需更换设施投资已回收，可不考虑是否需要进行技措的比选，直接进行技措后效益的计算；对投资还没有回收完的设施进行技措时，应通过计算固定资产平均成本来确定是否需要技措的比选，然后再进行技措效益的计算。

5）应根据计算结果判断项目的经济可行性。

6）项目应进行简要的敏感性分析。

（2）项目间接效益的分析

在项目财务分析的基础上，对社会效益显著的项目进行间接效益分析。

1）项目对优化能源结构的作用，如以气代油、以气发电、以煤代油来降低原油消耗，并可分析、计算代替能源产生的效益。

2）项目对环境保护的作用，如减少 CO_2 和 SO_2 等大气污染物排放量，使之达到环保标准。

（3）实物量指标计算

为考核节能实施效果应计算一些实物量指标，作为辅助性指标。

3. 节能技措项目费用和效益的计算

（1）项目费用

1）项目总投资。总投资指设备更换和采用新材料等的投资，由建设投资、建设期利益和流动资金组成。

2）运行成本。应计算与节能技措项目相关的运行成本，包括直接燃料费、直接动力费、折旧费、修理费和直接人员费用。

（2）项目效益

项目效益应依据节能量计算其节约额。

4. 节能技措项目经济效益评价指标计算[①]

（1）价值量指标

1）固定资产平均年成本。该项目成本指资产引起的现金流出的年平均值，其计算公式如下：

第一，静态固定资产平均年成本为

$$C_{\mathrm{aj}}=\frac{I-S_v}{n}+C_y$$

式中，C_{aj} 为静态固定资产平均年成本；I 为建设投资；S_v 为固定资产余值；C_y 为年运行成本；n 为固定资产使用年限。

第二，动态固定资产平均年成本为

$$C_{\mathrm{ad}}=\frac{I+C_y(P/A,i,n)-S_v(P/F,i,n)}{(P/A,i,n)}$$

式中，C_{ad} 为动态固定资产平均年成本；（$P/A, i, n$）为年现金值系数；i 为折现率；n 为年数。

当比较是否需要采取技措项目时，如果实施技措项目的固定资产平均年成本低于不进行技措项目的固定资产年成本，说明采取技措项目可行；反之，不可行。当进行多方案比选时，应选用固定资产平均年成本最小的方案

2）年成本节约额。如果是通过计算固定资产平均年成本来评价是否需要固定资产更新决策的项目，其年成本节约额的计算公式为

$$\Delta C=C_{\mathrm{Ha}}-C_{\mathrm{Qa}}$$

式中，ΔC 为年成本节约，计算结果为负值代表节约额；C_{Ha} 为实施技措项目的固定资产年平均成本；C_{Qa} 为未实施技措项目的固定资产年平均成本。

年成本节约额为负值时，说明采取技措项目可行；反之，不可行。

（2）实物量指标及计算

实物量指标主要有以单耗降低计算节能量和以效率提高计算节能量两种。

1）以单耗降低计算节能量。以单耗降低计算节能量的计算公式为

$$E=Q_{\mathrm{h}}\times(D_{\mathrm{q}}-D_{\mathrm{h}})$$

式中，D_{q} 为技措前单耗；D_{h} 为技措后单耗；Q_{h} 为技措后的年产量（工作量）。

2）以效率提高计算节能量。

以效率提高计算节能量的计算公式为

① 本标准适用于石油企业节能技措项目经济效益的评价。其他企业节能技措项目可参照执行。

$$E = L_h \times \left(\frac{\eta'}{\eta} - 1 \right)$$

式中，L_h为技措后耗能量；η'为技措后效率，用百分数表示；η为技措前效率，用百分数表示.

5. 项目不确定性分析

1）盈亏平衡分析。盈亏平衡分析是通过确定项目的产量盈亏平衡点，分析、预测产品产量（或生产能力利用率）对项目盈亏的影响。根据生产年份增加的产品产量或销售量、可变成本、固定成本、产品价格和营业税及附加等数据计算，用生产能力利用率或产量来表示项目的抗风险能力。

第一，用生产能力利用率表示，可按下式计算：

$$\text{BEP}_s = \frac{C_g}{R - C_v - S_J} \times 100$$

式中，BES_s为用生产能力利用率表示的盈亏平衡点，用百分数表示；C_g为年固定成本；C_v为年可变成本；R为年增加收益；S_J表示营业税金及附加。

生产能力利用率越低，项目的抗风险能力越强。

第二，用产量表示，可按下式计算：

$$\text{BEP}_s = \frac{C_g}{P - \text{DC}_v - \text{DS}_J}$$

式中，BEP_s为用产量表示的盈亏平衡点；P为单位产品价格；DC_v为单位产品可变成本；DS_J为单位产品营业税及附加。

2）敏感性分析。

第一，敏感性分析是通过项目的主要不确定因素发生变化时对经济评价指标的影响，从中找出敏感因素，并确定其影响程度。

第二，在项目计算期内，可能发生变化的主要因素有建设投资、产品产量、产品价格、成本费用或主要原材料与动力价格及建设工期等。敏感性分析通常应分析这些因素单独变化或多因素变化时对项目内部收益率的影响，必要时也应分析对其他经济评价指标的影响。

第三，项目对某种因素的敏感程度可以表示为该因素按一定比例变化时（通常在±20%的范围变化）引起评价指标变动的幅度，也可以表示为评价指标到临界点时允许某个或几个不确定因素变化的最大幅度及极限变化。超过极限，则项目在经济上不可行。

第四，敏感性分析主要是分析价格、生产能力对成本节约额的影响。

4.5 节能自愿协议的政策支持体系

4.5.1 相关法律法规

我国各级政府高度重视节能减排工作，先后出台了一系列法律法规推进节能减排目标的落实，包括《中华人民共和国节约能源法》《中华人民共和国环境保护法》《排污费征收使用管理条例》《节约用电管理办法》和《山东省节约能源条例》等。我国现行的法律制度也在一定程度上为节能减排自愿协议的进一步成熟和完善提供了重要的法律基础。

（1）宪法

宪法作为国家的根本大法，规定国家的根本任务和根本制度，虽然不会直接规范像节能自愿协议这样具体的环境项目，但却从根本上为节能自愿协议的顺利实施提供了一个有利的法律环境。其中，第九条、第二十六条分别指出，国家保障自然资源的合理利用，国家保护和改善生活环境和生态环境，防治污染和其他公害。将资源利用与环境保护工作列入根本大法，从宏观的角度奠定了节能减排的整体基调。

（2）环境能源类法律法规

《中华人民共和国环境保护法》是我国环境保护方面的基本法律，以法律形式确定了我国环境保护监督管理体制，明确了相关主体的法律责任，为依法保护和改善环境、全面加强环境保护工作，提供了法律保障。

新修订的《中华人民共和国节约能源法》增设了专门章节规定工业、建筑、交通运输、公共机构和重点用能单位等领域的节能问题，健全了节能标准体系和监管制度。并特别强调了激励措施，规定“国家运用财税和价格等政策，支持推广电力需求侧管理、合同能源管理及节能自愿协议等节能办法”。新《中华人民共和国节约能源法》的实施，为实现节能降耗提供了必要的法律保障，奠定了节能自愿协议的法律地位。

这两部基本法律同时也对节能和环保的行政主管部门即地方政府提出了严格的要求，指出地方政府应该加强对节能和环保工作的领导、部署和监督、检查，积极采取措施鼓励和支持企事业单位采用先进的生产技术实现节能减排的目标，严加防范和严厉惩罚不符合节能减排标准、造成能源浪费和环境污染的企事业单位。这在一定程度上促成了政府机关与企事业单位节能自愿协议的签订。

除了节约能源和环境保护的基本法及相关单行法律之外，地方政府也根据当地的实际情况制定了地方性法规，如《甘肃省节能降耗管理办法》和《河南省节约能源条例》等。地方法规对节能管理、合理使用能源、节能技术创新与进步、激励措施、监督检查和法律责任等作出了比较全面的规定，这无疑为节能自愿协议在政府与企事业单位之间的实施提供了相对具体的法律保障。

（3）节能自愿协议相关规章制度和政策措施

值得重点强调的是，国务院节能减排“十二五”规划对过去五年的节能成果和存在问题进行了客观总结，同时对“十二五”时期的节能减排提出了新的目标，要求强化目标责任评价考核，加强用能节能管理，健全节能环保法律、法规和标准，完善节能减排投入机制，完善促进节能减排的经济政策，推广节能减排市场化机制，推动节能减排技术创新和推广应用，强化节能减排监督检查和能力建设。至此，实施节能自愿协议有了强大的政策推动和法律基础。

目前，有明文规定节能自愿协议的规章制度也开始逐渐增多。例如，国家发展和改革委员会、财政部、科学技术部、住房和城乡建设部、环境保护部、国家质量监督检验检疫总局和国务院、中央机关事务管理局 8 个部委局联合印发的《“十一五”十大重点节能工程实施意见》中的“节能监测和技术服务体系建设工程”部分提到，要制定《合同能源管理技术规范》及《节能自愿协议检测与评估方法》等，以其作为配套建设工程的措施之一。2010 年，我国先后发布了《节能自愿协议技术通则》和《合同能源管理技术通则》两项国家标准。

2004 年，国家发展和改革委员会发布的我国第一个《节能中长期专项规划》中明确提出了“要推行包括节能自愿协议在内的以市场机制为基础的节能新机制”。

《上海市节约能源“十一五”规划》第五部分的第（六）点中提到，要“强化能源消耗存量环节的管理”，采取切实有效的措施，强化能源消耗存量环节的终端需求管理，挖掘节能潜力，提高终端用能效率。其中，明确了要开展行业和大型企业节能自愿协议试点，对重点耗能行业和大型企业开展节能自愿协议（即由政府与企业自愿签订旨在节能和减少污染物排放的协议）。并提出要首先在钢铁、化工、石化和电力等行业和大型企业开展节能自愿协议试点。

《山东省节约能源“十二五”规划》中明确指出，鼓励开展节能自愿协议，扩大实施范围，进一步完善配套政策，对实施节能自愿协议，取得积极节能成效的企业给予扶持。专门为节能自愿协议设定的国家标准——《节能自愿协议技术通则》（GB/T 26757—2011）于 2011 年 7 月 20 日发布，此标准规定了节能自愿协议的定义、技术要求和协议样本，明确了节能自愿协议的基本程序，要求协议各方应对能效基准、节能目标、节能效果核查和验证方案进行充分协商，达成一致。标准的制定实施必将促进节能自愿协议这种新型节能机制在国内的推广，为节能减排机制创新做出积极贡献。

各项规章制度和政策措施的相继出台，为节能自愿协议的具体实施保驾护航。纵观我国节能减排的各项法律法规和政策措施，其中明文规制节能自愿协议的少之又少，唯一一部专门为节能自愿协议设立的《节能自愿协议技术通则》（GB/T 26757—2011）也只是简要描述了协议框架和协议样本，而对节能自愿协议的具体内容并没有进行明确的规定和详细的阐述。因此，节能自愿协议在我国尚处于起步阶段（姜晓梅，2014）。

4.5.2 财政金融优惠政策

（1）政府资助和激励

财政资助是节能自愿协议的核心激励政策之一，财政资助有补助贷款、财政拨款和补贴等形式。例如，丹麦对能效项目给予补助贷款，政府对取暖、照明和重工业等行业使用的能源征收碳税，税率约为 7 欧元/GJ①，碳税税率为 12 欧元/t 二氧化碳；对采暖征收 100%能源税加 100%碳税。但与丹麦能源机构签署了工业能效项目的公司，将享受三年低碳税的优惠。征收的碳税用于提高对能效项目的补助贷款，补助贷款额度为项目总投资的 30%，偿还期为 3～9 年；补助贷款也可用于与能效有关的能源审计、项目示范和新项目开发等。例如，荷兰经济事务部为长期协议提供财政拨款，还采用“能源投资补贴政策”鼓励参与协议的用能单位，允许用能单位从其收入或利润中扣除一定比例作为节能投资，该政策对用能单位上缴的所得税影响很大。

（2）免除税收的法规

国外经验表明，开展能源税和碳税对减少用能单位能源消费的贡献为 10%。对参加节能自愿协议的用能单位，有些政府还会对其免于执行某些法规或者进行一些政策上的变通。例如，荷兰，签署长期协议的公司比较容易获得环境许可证；各省不得对节能计划已由荷兰创新与可持续发展局批准了的用能单位提出额外的节能和环保目标；另外，经济事务部也同意对加入节能自愿协议的用能单位不执行其他的税收或财政处罚措施。

也有部分国家节能自愿协议的激励政策以税收减免为主要方式。例如，丹麦工业能效协议是建立在强制性碳排放税基础上的，签订自愿协议的公司或行业可以享受三年 4.8%的低碳税，而未签订协议的征收 27.78%的碳税。将减免税收手段用于节能自愿协议的国家还有德国和英国等。

目前环境保护部、财政部和国家税务总局等部门正在着手进行环境税的设计

---

① 1GJ=10 亿 J。

与研究，初步确定的征税范围包括污染排放税和碳税。征税对象包括二氧化碳、氮氧化物、化学需氧量和二氧化碳等。开征环境税后企业的环境负担肯定会增加，企业会有积极性采取各种措施减少污染物排放以降低企业的环境成本。我们可以借鉴国外的经验，把环境税与节能自愿协议组合使用，把企业签署节能自愿协议作为减免企业环境税的条件，以此鼓励企业积极加入节能自愿协议，努力降低污染排放和能源消耗。现阶段，我国可以利用减免排污收费制度，促进我国高能耗企业自发节能，加入节能自愿协议中。

4.5.3 节能奖励

（1）提供审计和评估支持或直接补贴

对节能自愿协议审计和评估工作的支持，政府一般采取两种方式：一种是提供免费的审计和评估服务。例如，在荷兰的长期协议中，政府免费为刚加入协议的公司提供一次能源审计以评估其节能减排潜力，并向加入长期协议的公司资助节能项目审计目录中的项目；再如，瑞典的 EKO-Energy 项目，瑞典国家能源管理局为参与项目的企业免费提供能源和环境审计、企业节能措施的综合审计、综合物流分析，以及企业环境意识及环境管理的差距分析等。另一种是部分承担审计和评估的费用或者以补贴的形式支持。例如，丹麦工业能效协议，为进行强制性能源审计的公司提供补贴。

（2）为用能单位提供技术支持和信息服务

在节能自愿协议的签订和实施过程中，政府一般会为参与单位提供技术支持和信息服务，如承担协议书的准备工作、向工业部门和用能单位提供专业技术和相关数据、开展工业部门之间节能知识的交流和传播、汇总行业报告及就项目实施情况向公众进行信息公开等工作。例如，在荷兰的长期协议中，政府通过经济事务部和荷兰创新与可持续发展局（Senter Novem）对节能自愿协议活动提供大力支持，负责意向书和协议书的准备工作，通过核查用能单位进展报告中的数据准确性来监督节能自愿协议，草拟官方的统计数据，并展开工业部门之间节能知识的交流和传播。长期协议的年度报告在得到创新与可持续发展局内的质量委员会和经济事务部批准后，予以公开发表，并由创新与可持续发展局将其汇总为行业报告。

（3）政府和公众的认可

获得公众认可、提高自身的社会形象是用能单位参与节能自愿协议的一个很大的动力。因此，政府一般会对参与节能自愿协议的用能单位承诺授予环境标志、荣誉或者对用能单位进行宣传和推广。例如，澳大利亚“温室气体挑战”项目中，参与单位可以在产品和公共媒体上使用温室气体挑战成员的标志，“温室气体挑战”项目本身也在推广项目成果，提高公众对其他成员的认可度；加拿大“工业节能”项目在年报上宣传各企业的“成功经验”，并公布获得加拿大自然资源能效办公室“能效奖”的企业名单；英国的 MACC 项目中，向公众提供所有参与节能自愿协议的组织的许诺信息。

我国对节能自愿协议的支持还应从宣传表彰、信息技术帮助、排污减免或返还、总量控制和许可制度的优惠待遇、标志和认证制度的结合、财政手段、税收手段，以及减少对用能单位的核查审核评估等方面入手，制定出更加可行的激励政策。

（4）法规豁免

节能减排已经是当今全世界任何一个国家都不得不面临的严峻挑战，如果不采用节能自愿协议等合作性质的措施，政府必然也将制定相关的政策法规，采取其他更为严格的甚至是强制性的措施。因此，通过签署节能自愿协议来规避国家的法规制约是企业相当明智的选择。

在德国，由于工业部门实施工业宣言，德国政府承诺不实行余热法，并同意参与的工业部门豁免“可能的欧洲能源税”。在“2000 年德国联邦政府和德国商业界气候保护协议”中，政府承诺不通过命令或措施主动提高气候保护目标，承诺不实行有法律约束的能源审计，同时政府还承诺进一步改革德国生态税，使得该税的征收不影响德国企业的国际竞争。对欧盟的能源税，德国政府答应采取具有竞争力的解决方案。

我国政府也可借鉴国外做法，通过利用法律豁免的激励政策，调动企业节能的积极性，促进企业自发节能。这样一方面，可以避免法规政策推行所带来的成本；另一方面，企业主动节能效果比被动接受的节能效果更好。

4.6 节能自愿协议对节能和碳减排工作的影响

4.6.1 国外节能减排效果分析

（1）荷兰

1992 年荷兰签署了第一轮 LTA，共签了 44 份协议，涉及 29 个工业部门，大部分协议在 2000 年结束。协议完成了既定的目标：1989～2000 年，能效提高了

23%（每年约为 2%），相当于节能 157PJ①，每年减排二氧化碳 900 万 t。经测算，LTA 为荷兰工业部门带来的经济效益高达 7 亿欧元。

（2）德国

1990～1996 年，参加节能自愿协议的工业部门的二氧化碳排放量降低了 42 000 万 t（比基准年降低了 20.6%）。其中，化工行业二氧化碳排放量降低了 1590 万 t（24%），钢铁行业降低了 1200 万 t（17.1%）。

4.6.2 国内节能减排效果分析

2004 年 6 月，国家发展和改革委员会资源节约和环境保护司组织国内节能政策、技术、经济、审计专家组成山东省节能自愿协议评估组，对山东省 2003 年节能自愿协议试点情况进行了综合评估。两大钢铁企业共节能 22.4 万 tce，减排二氧化硫 4022t，二氧化碳 13.4 万 t，实现节能效益 1.22 亿元，促进了政府节能管理机制和企业管理机制的创新。在更深远的层面上，节能自愿协议有其重要的中长期影响力，节能自愿协议作为一种新型的节能管理模式已经具备了在我国环境管理领域推广实施的有利条件。

2003～2005 年是节能自愿协议实施的时间。在此期间，山东莱芜钢铁集团有限公司加大节能管理力度，取得了较好的成绩，协议各项指标基本完成。其中，2005 年吨钢新水消耗达到了 3.5t，并且已有 9 个生产单位实现了废水“零排放”，采用新技术，充分回收余热余能，并使工业废渣资源化，提高了技术指标，9 个转炉系统实现了负能炼钢。这三年里，济钢集团有限公司也不断进行技术创新，并采用先进的管理模式，使节能工作不断取得了新的突破和进展。三年来，吨钢综合能耗实现 670kgce/t 钢，比计划的 735kgce/t 钢多降低了 65kgce/t 钢；同比累计节约 75.8 万 tce，比计划的 24 万 tce 多节约 51.8 万 tce；累计节能价值达 41 691 万元，比计划的 13 200 万元多创造了 28 491 万元；累计减排二氧化硫 1.79 万 t，比计划的多减排 13 580t；累计减排二氧化碳 45 万 t，比计划的多减排 31.12 万 t；焦化、烧结、炼铁、炼钢工序能耗也都全部完成了协议计划。

2006 年 7 月至 2007 年 6 月，山东省继续实施了《山东省扩大推广节能自愿协议试点项目》，组织烟台市、潍坊市、泰安市、枣庄市、东营市、菏泽市、滨州市 38 家企业，从 2007 年 1 月 1 日至 12 月 31 日，开展节能自愿协议试点推广工作。各市制定试点方案及目标、措施，提出具体优惠政策和实施意见。企业根据本单位的特点，制定试点方案，设定节能目标，编制节能计划。各市经济（贸易）

① $1PJ=10^{-12}J$。

委员会与企业签订节能自愿协议后，要将正式协议文件及附件材料上报省政府节能办。到 2007 年 6 月底，全部试点企业均已按照试点方案的要求开展了相关工作，进展顺利，成绩斐然。2007 年上半年，38 家试点企业共节约能源 51.3 万 tce，减排二氧化硫 1.026 万 t，减排二氧化碳 128.2 万 t，实现节能效益 28 215 万元①。

不仅各个省市大力推行节能自愿协议，各行各业也都积极响应。2009 年工业和信息化部、中国移动通信集团有限公司在北京市签署节能自愿协议。中国移动承诺，以 2008 年能源消耗为基准，到 2012 年 12 月底实现“单位业务量耗电下降 20%”的目标，实现节约用电 118 亿 kW • h。据悉，该协议是中国通信产业发展史上的第一份节能自愿协议，也是工业和信息化部成立以来签署的第一份节能自愿协议（张华甲，2009）。

中国作为一个负责任的大国在已经召开的哥本哈根世界气候大会中承诺“中国争取到 2020 年，单位 GDP 二氧化碳排放将比 2005 年下降 40%～45%”，随后在国务院常务会议公布了该碳减排目标。将其作为约束性指标纳入国民经济和社会发展中长期规划，并制定相应的国内统计、监测、考核办法。另外，钟红霞和从荣刚在《后哥本哈根时代对中国节能承诺的认识》中写道，“为了实现‘二氧化碳减排 45%’的目标，中国在未来十年需每年增加投资 300 亿美元”。依靠指令式管理方法实现上述目标的经济代价可见一斑。

4.7 节能自愿协议发展面临的主要问题及其政策建议

4.7.1 节能自愿协议发展面临的主要问题

节能自愿协议在取得成效的同时，也不可避免地存在一些问题，如指标设立不合理、指标体系陈旧且杂乱、协议对企业缺乏激励措施和操作性不强等。

（1）指标设定过于复杂

在节能自愿协议试点中，指标设置过多（13 项）不仅造成了指标的烦琐和统计工作的冗长，而且在企业出现完成部分指标时，难以予以合理评估。

（2）指标设置过于偏重节能指标

现阶段设置的指标构成中主要是能源类指标，具体包括节能量指标、节能率指标、能效指标和节能效益指标，而污染物减排指标中虽然将 SO_2 和 CO_2 减排量指标考虑在内，但却忽略了粉尘和 NO_x 等，资源效率指标也没有纳入考虑。

①中国节能协会. 山东节能协议试点及推广［EB/OL］. http://www.cecaweb.org.cn/CN/News/2008-05/EnableSite_ReadNews7411281210521600.html,2008-05-12/2012-02-09。

（3）政策激励力度有待加强

现有政策激励力度虽初见成效，但仍应制定其他优惠措施以进一步增强企业节能减排意识，如考虑将节能减排成果与企业排污费、政府的节能减排补贴、税收和信贷优惠政策等结合在一起。

（4）节能自愿协议政策还缺乏规范

节能自愿协议的形式可以多种多样，但一些基本特征应保持不变，如政府的激励措施和政府与企业磋商目标等，需要对政府予以规范，促进节能自愿协议系统化、规范化。

（5）节能自愿协议的形式单一

山东省节能自愿协议试点项目中，只包含政府和企业两个参与方，今后还应探索有第三方参与的协议形式，如由行业协会代表企业与节能行政主管部门签订节能自愿协议或企业单方面发起协议等。

（6）政府工作经费有待保障

在节能自愿协议推广过程中，宣传、教育和培训都需要一定的经费，否则推广效果将不能得到充分的发挥。政府应增加在这方面的开支，加强能力建设，加大节能自愿协议政策实施投入，以保障节能自愿协议的顺利推广。

4.7.2 对节能自愿协议发展的政策建议

从国际节能减排政策实践来看，节能自愿协议用以改进区域、行业部门或企业的节能减排绩效已有很多成功案例。不仅被 OECD 的一些成员国广为重视，而且在印度、墨西哥、巴伦比亚、巴西和南非等一些发展中国家也陆续开展了试点工作。实践表明，只要正确地设计和实施节能自愿协议，就可以达到甚至超出既定的节能减排目标，同时也可以降低行政管制成本，充分调动各方的积极性和主动性。总结各国节能自愿协议的实施情况，再结合我国的实际情况，得出以下建议有助于我国节能自愿协议的实施。

（1）加强国际合作，积极借鉴国际经验

OECD 不少成员国均实施了节能自愿协议，在协议设计、激励政策创新、配套能力建设和节能自愿协议政策的推广等方面均积累了不少成功经验，在结合我国实际国情的基础上，可以积极引进、大力借鉴。

（2）加大节能自愿协议的推进力度

中国过往的节能减排政策以行政管理为主，执行效果好坏过于依赖于执行者个人的主观意志。随着我国近几年在各地、各行业的试点工作逐步开展，节能自愿协议作为一种被国际社会广泛认可的协议机制已经初步显现了其有效性，我国政府要加大试点推进力度，同时不断完善相关政策和制度建设，推进节能自愿协议机制尽快落地生根。

（3）强化第三方评估和审计

节能自愿协议的第三方负有的实施监督、开展年度或阶段性实施审核“协议”中的目标完成情况等工作，一定程度上决定了节能目标是否可以顺利达成，协议制定者应做到慎重选择第三方。可由政府和行业协会直接选定，如聘请具有法律资质的咨询机构进行独立核查，避免监督不力的现象发生。实际操作时，可由审核咨询机构向政府及行业协会有关部门上报企业运行情况，如实反映审核过程中遇到的问题。协议内容应对第三方的性质予以法律定位，第三方自身也要进一步完善监测手段，提高审计质量。

（4）重视行业协会的参与

一方面，行业协会对行业内企业中的具有一定的号召力和影响力；另一方面，行业协会与政府部门具有良好关系，因而行业协会可以为政府与企业之间搭起一座沟通、交流与协商的桥梁，可以成为节能自愿协议的发起者和参与者，甚至可以针对每个特定行业甚至特定企业的具体情况做出协商，从而制定最适合行业及企业的节能目标及节能方法，为推广实施节能自愿协议项目提供有力支持。

（5）引入公众参与机制

在节能自愿协议项目实施的全过程中引入社会公众力量，能增强环境自愿协议制度的透明度和诚信度，对企业来说既是一种压力也是一种动力。加强社会监督，既可以减少政府的监管成本，督促企业更好地履行协议，也是企业提高知名度和社会形象的一种机会。可以在节能自愿协议制度中，设置公众参与渠道，提供多种公众参与方式。例如，公众可以成为某协议中的一方，对签订到实施到审核的全过程进行参与，还可以不直接参与到协议的签订中，通过节能自愿协议制度的信息公开等方式对协议的实施进行监督。

参 考 文 献

陈晨. 2005. 企业节能自愿协议研究. 北京：中国政法大学硕士学位论文.

丁欣，周吉光，乔洁. 2014. 节能减排目标下低碳经济发展的政策机制创新. 科技管理研究，（21）：243-250.

杜文伟，蒋芸. 2004. 节能自愿协议及其国际成功经验. 电力需求侧管理，6（4）：56-58.

富舸. 2005. 节能自愿协议——应对能源危机的全球行动. 中国青年科技，（8）：42-45.

葛察忠，段显明，董战峰. 2012. 自愿协议：节能减排的制度创新. 北京：中国环境科学出版社.

加瑞芳，毛春梅. 2010. 国内外自愿环境协议对比及建议. 绿色科技，（10）：86-88.

姜晓梅. 2014. 我国节能减排自愿协议的法律规制研究. 青岛：中国海洋大学硕士学位论文.

竟晓澂. 2011. 节能自愿协议刍议. 经济管理者，(6)：189-190.
李红祥. 2008. 促进节能减排的自愿协议制度研究. 北京：北京化工大学硕士学位论文.
刘斌，周勇. 2009. 产业自愿节能减排中的信息披露制度研究. 江西社会科学，(7)：102-105.
龙凤，葛察忠，高树婷，等. 2013. 节能减排自愿协议制度研究. 创新论坛，(10)：11-13.
罗晓萌. 2008. 节能自愿协议法律研究. 南宁：广西师范大学硕士学位论文.
马丽，李惠民，齐晔. 2011. 节能的目标责任制与自愿协议. 中国人口·资源与环境，21(6)：95-101.
钱涛. 2006. 节能自愿协议的探索与实践. 资源与发展，(4)：23-29.
秦颖. 2011. 新环境管理政策工具—自愿协议（VAs）的理论、实践与发展趋势. 北京：经济科学出版社.
史兆宪，赵旭东. 2010. 能源与节能管理基础（下）. 北京：中国标准出版社
童晶晶，张明顺，冯利利. 2013. 荷兰长期能效协议和能效标杆合约及启示. 中国环境管理，5（3）：6-10.
汪震宇. 2004-8-11. 钢铁企业开始自觉节能. 中国环境报，4.
王金南，蒋洪强. 2012. 国家“十二五”时期环境保护规划体系与重点任务. 环境保护，(1)：51-55.
王立亭. 2009. 山东省节能自愿协议指南. 济南：山东人民出版.
王勇. 2016. 自愿性环境协议在我国应用之可行性研究. 环境与发展，28（1)：6-14.
魏旭，邓敏贞. 2014. 节能减排自愿协议制度研究——以“低碳广州”为依归. 江苏大学学报（社会科学版)，16（4)：50-58.
肖静. 2007. 节能自愿协议法律问题研究. 北京：清华大学硕士学位论文.
肖志明，张华荣. 2011. 基于低碳经济发展视阈的产业节能减排自愿协议——以日本经验为例. 亚太经济，(1)：86-91.
徐海. 2007. 有效的节能管理体制—节能自愿协议. 环境保护，(22)：31-32.
张华甲. 2009-11-12. 工信部与中国移动签节能自愿协议. 中国工业报，(A01).
周勇. 2011. 促成西方产业界自愿节能减排的抢先行动动机及对我国的启示[J]. 宁夏社会科学，(1)：44-48.
Rezessy S，Bertoldi P. 2011. Voluntary agreements in the field of energy efficiency and emission reduction：review and analysis of experiences in the European Union. Energy Policy，39（11)：7121-7129.
Tyteca D，Carlens J，Berkhout F，et al. 2010. Corporate environmental performance evaluation：evidence from The Mepi Project. Business Strategy and the Environment，11（1)：1-13.

第 5 章 合同能源管理

5.1 合同能源管理的概念

根据《合同能源管理技术通则》(GB/T 24915—2010)的标准定义，合同能源管理（energy performance contracting，EPC）指节能服务公司（energy services company，ESCO；或称 energy management company，EMCO）与用能单位以契约形式约定节能项目的节能目标。陈臻（2014）从法律政策方面对合同能源管理也做了相应阐述认为，合同能源管理是一种节能服务公司与用能单位之间以节能绩效为基础的节能效益分享型的节能服务合同。孙红（2012）以实务为基础提出，合同能源管理指专业化的节能服务公司与用能单位签订节能服务合同，为其节能项目提供确定的服务，用能单位以该节能项目产生的节能效益向节能服务公司支付服务的一种商业运作模式。贾振航等（2006）指出，合同能源管理机制的实质是以实施节能项目取得的节能收益支付项目全部费用的节能筹资方式。

另外，学者对节能服务公司的定义也有不同看法，但基本内涵是一致的。从广义上来讲，节能服务公司指一切能够提供节能服务的公司；从狭义上来讲，则指将合同能源管理作为商业模式而向用能单位提供节能项目服务的公司。本研究所指的节能服务公司是狭义的节能服务公司。根据《合同能源管理技术通则》(GB/T 24915—2010)的标准定义，节能服务公司是为用能单位提供用能状况诊断、节能项目设计、融资、改造（施工、设备安装、调试）和运行管理等服务的专业化公司。

总而言之，合同能源管理指节能服务公司与用能单位为提高能源利用效率而签订节能服务合同，节能服务公司提供节能服务，用能单位根据节能效益向节能服务公司提供报酬的市场运作模式。该模式能够降低节能改造的风险，调动节能服务公司和用能单位进行节能改造的积极性。按照业务分类，合同能源管理可分为节能效益分享型、节能量保证型、能源费用托管型和融资租赁型四种类型（武德俊和柳晓雷，2010；邓向辉和齐晔，2012）。

5.1.1 节能效益分享型

节能效益分享型又称为节能效益共享型或能源效益分享型。这种类型的合同规定由节能服务公司承担项目全部投入和风险，提供项目的全过程服务，在项目期内客户和节能服务公司双方确认节能率（或节能量）后按比例分享节能效益。项目合同结束后，先进高效节能设备无偿移交给客户企业使用，以后所产生的节能效益全归企业享受。该类型适用于诚信度很高的企业。采用这种模式的项目主要集中在建筑领域。

5.1.2 节能量保证型

节能量保证型又称为节能效益承诺型或节能效益保证型。这种类型的合同规定客户可提供全部或部分项目资金，节能服务公司向客户承诺某一比例的节能量并提供项目的全过程服务。达不到承诺节能量的部分，由节能服务公司负担，超出承诺节能量的部分，双方分享。节能服务公司收回全部节能项目投资后项目合同结束。此后，先进高效节能设备无偿移交给企业使用，之后所产生的节能收益全归企业享受。该类型适用于诚信度较高、节能意识一般的企业。采用这种模式的项目主要集中在工业领域。

5.1.3 能源费用托管型

这种类型的合同规定节能服务公司负责改造客户的高耗能设备，并管理其用能设备。节能服务公司按约定的能源费用和管理费用承包企业的能源消耗和维护工作。项目合同结束后，节能设备无偿移交给企业使用，以后所产生的节能效益全归企业享受。该类型适用于有一定规模的医院、宾馆饭店和商业卖场。

5.1.4 融资租赁型

融资租赁型指融资租赁公司向节能服务公司提供资金，并根据节能服务公司的要求购买设备。节能服务公司在向融资租赁公司交付一定租金，获得设备使用权后，为用能单位提供节能技术和工程服务，用能单位则以节能效益所得收益返回租赁公司的一种模式。节能服务公司按期从合同能源管理项目的节能效益中抽取一部分收益用于偿还设备资金。合同结束后，用能单位无偿获得设备所有权。

以上四种类型中，节能效益分享型是最常见的节能合同类型。根据中美合作发布的《公共机构合同能源管理指南》，节能服务公司在该类型项目中的投资超过70%。节能效益分享型与节能量保证型的区别在于：前者不论节能量为多少，节能服务公司都能得到收益；而后者的项目中，节能服务公司只有达到承诺的节能量才能获得效益。能源费用托管型的特点在于节能服务公司负责并运行管理用能单位的整体用能，其优势在于节能服务公司能从管理上发现用能单位的漏洞，并让管理更加专业化。融资租赁型与前三者的不同在于其引入第三方机构，这有利于分散节能服务公司的投资风险，另外，其用能单位在合同期满后无须额外投入即可获得节能设备所有权。下面分别给出了前三种类型的具体案例：

"节能效益分享型"案例：陕西龙门钢铁有限责任公司节能项目①

2013 年 4 月，西门子与陕西龙钢项目的签订以节能效益分享型为合作模式的节能服务合同，合同期为 6 年。西门子提供烧结风机的变频器设备帮助龙钢提高能源利用效率。根据合同确定，西门子每年从烧结风机节省的电费中获取的一定比例的节能收益以偿还设备成本，超出承诺节能量的部分，双方分享。项目合同结束后，烧结风机的变频器设备归龙钢所有，西门子也将退出分成。

根据测定的节能指标，该项目每个月的节能率在 16.1%左右，超过了合同预期。以此计算，西门子将每年帮助龙钢节省 15 800tce，折算为 710kW·h，即 1 天 3 万元，1 年 900 万元，5 年 5000 万元以上的节能收益。

"节能量保证型"案例：安贞华联商厦空调改造工程②

安贞华联商厦与北京博瑞科技发展有限公司签订以节能量保证型为合作模式的节能服务合同。安贞华联商厦建筑总面积为 42 000m^2，主要改造对象为空调系统和供暖设备等。北京博瑞科技发展有限公司承担该项目之后，投资 218 万元对安贞华联商厦的空调系统和供暖设备进行改造。

项目当年投入当年得到回报，改造前，安贞华联商厦年电费约为 1152 万元，供暖费用约为 126 万元，空调设备装机电容量 2748kW；改造后，其空气质量得到改善，节省电费为 110 万元/年，其中，供暖设备比改造前节省 96 元/年，采暖能耗由 90W/m^2 降为 10W/m^2，实际供热量仅为 400kW。

"能源费用托管型"案例：昌平区北七家镇老年社区地源热泵项目①

昌平区北七家镇老年社区与北京诚信能环科技有限公司签订以能源费用托管型为合作模式的节能服务合同。由于该社区没有市政热力管线和燃气管线，北

① 西门子（中国）有限公司. 2014. 向未来索取回报——西门子首开节能效益分享商业模式助力龙钢节能改造. 节能与环保，(6)：48-50.

② 武德俊，柳晓雷. 2010. 合同能源管理运作模式及典型案例. 节能与环保，(3)：17-18.

京诚信能环科技有限公司根据项目所在地域能源情况，用地源热泵为夏季制冷、冬季采暖的方法对该社区进行改造，并对该项目进行管理。

该项目总投资合同额为 1106.9 万元，其中，节能公司出资为 375.7 元，社区业主出资为 731.2 万元，预计投资回收期为 4 年。改造后，该项目预计每年能够节约 549.5tce，节约资金为 136.1 万元。系统运行期间预计能够节约 10 990tce，实现业主收益为 2200 万元。

5.2 国外合同能源管理的发展概况

5.2.1 国外合同能源管理的发展及现状

20 世纪 70 年代，两次石油危机的发生使许多国家的能源压力不断上升，节能工作开始受到重视。在此背景下，合同能源管理在西方发达国家逐步兴起。经过三十多年的发展和积累，合同能源管理已经形成了一个规模庞大的节能服务产业。目前，应用合同能源管理的国家大致可以归为北美、欧洲、亚洲三个地区，以下将对各地区典型代表合同能源管理的发展及现状进行详细介绍。

（1）美国

20 世纪 70 年代末，合同能源管理作为一种新型商业模式在美国兴起，80 年代开始迅速发展（孔源和刘亮，2013）。根据美国国家能源服务公司协会（National Association of Energy Service Companies，NAESCO）统计，美国节能服务产业在 90 年代及 2009～2011 年，每年以 9%的速度稳定增长，2013 年美国节能服务产业总收入约为 94 亿美元。另外，在节能服务产业收入中，政府和公共机构的项目占 85%，而私营部门占比明显较低，其原因主要在于私营部门不愿意接受投资回收期相对较长的项目和金融能源效率项目（Strahil et al.，2014）。

美国政府大力推动节能服务产业的发展。在准备阶段，美国政府颁布了相应方针政策、法律法规和规范标准，如有关建筑物节能的标准和法规、若干能源审计的标准和各州政府制定的关于由电力公司实施的、ESCO 参与的综合资源规划（integrated resource planning，IRP）法案等。在实行阶段，美国政府通过立法、举办各种类型的培训班和研讨会及发行大量的录像培训教材等措施来支持节能服务公司的发展（国家电网公司营销部，2011）。

关于美国合同能源管理融资方面，李晓静和高璇（2015）在文献做了详细的说明，其中一种模式为保证节能量结构融资模式，另一种模式为共享节能量结构融资模式。前一个模式中，用能单位作为融资人，承担向第三方融资机构还贷的义务，节能设备归用能单位拥有和使用（图 5-1）。用能单位与节能服务公司签订节能服务合同，如果项目达不到合同约定的节能效益，差额部分由节能服务公司承担；如果超过合同约定的节能效益，超出部分的收益由双方共享。后一种模式中，节能服务公司作为融资人，承担向第三方融资机构还贷的义务。用能单位根据合同约定的节能量将一部分收益分给节能服务公司（图 5-2）。由于节能服务公司承担达不到约定的节能量和用能单位不支付相应节能收益的双重风险，其要求用能单位支付的融资费用较高。

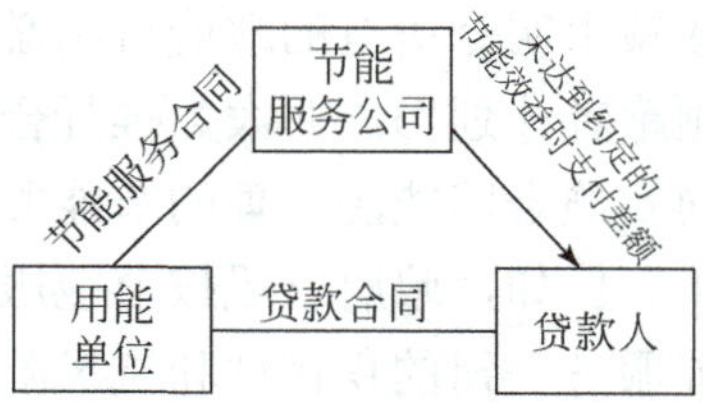

图 5-1 保证节能量结构融资模式

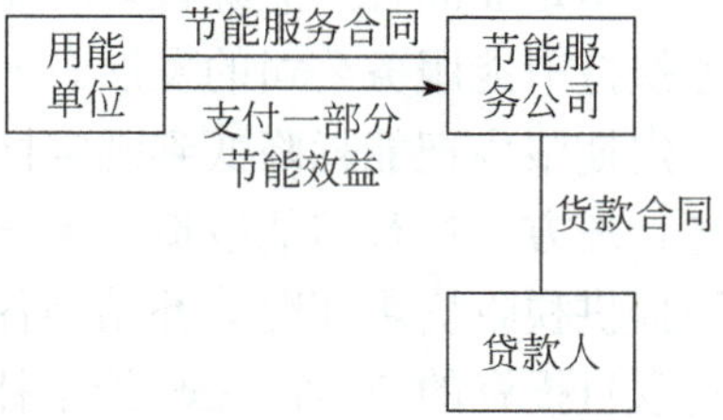

图 5-2 共享节能量结构融资模式

（2）西班牙

西班牙是欧洲合同能源管理市场比较成熟的国家之一。由于西班牙电力相对短缺，政府通过制定能源政策和建立西班牙能源多样化和节约能源研究所（Instituto para la Diversificaciony Ahorro de la Energía，IDAE）等促进合同能源管理市场的发展，从而减少国家能源使用量及提高能源利用效率。截至 2011 年，西班牙节能服务产业的业务额每年以 5%～10%的速度增长，项目主要集中在热电联产和风力发电领域（国家电网公司部营销部，2011）。

在融资方面，巴西主要采用 Super ESCO 模式和保证基金模式。前一种模式中，Super ESCO 即租赁公司，其资格必须由巴西中央银行认证，并受中央银行的监管（图 5-3）。Super ESCO 可以从中央银行进行贷款及接受投资者的投资。其他节能服务公司从 Super ESCO 获得节能设备租赁权。节能服务合同由各个节能服务公司同用能单位签订，最终的收益分成从 Super ESCO 的收益中获得。由于该模式容易产生规模效应，其交易成本也相对较低。后一种模式中，由于巴西的节能服务公司的节能服务合同不能直接从银行获得贷款，产生了保证基金这样一种新的模式（图 5-4）。节能服务公司通过向担保基金支付佣金提高自己的信用等级，从而获得资金来源。佣金越高，用能单位支付给节能服务公司的节能收益越高（李晓静和高璇，2015）。

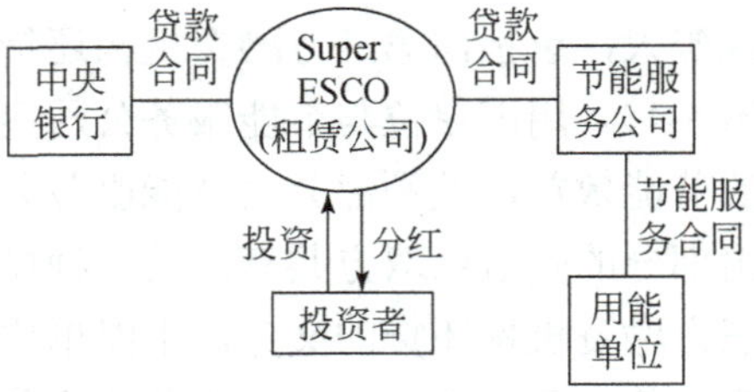

图 5-3　Super ESCO 模式

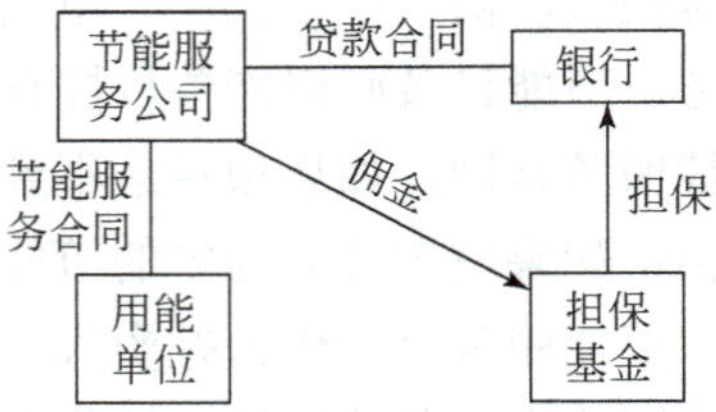

图 5-4　保证基金模式

（3）日本

日本是亚洲合同能源管理产业的领航者。1996 年以来日本政府通过各种政策大力扶持节能服务公司的发展。一方面，日本从政策上明令所有的政府机构必须在一定期限内把能耗降低到既定标准（如节能“领跑者计划”），并大力推行合同能源管理方式进行节能改造；另一方面，政府还向实施合同能源管理的节能服务公司提供税收优惠和财政补贴等各项经济激励政策。例如，政府一般按节能服务公司项目投资的 25%～35%给予补贴，以提高节能服务公司的积极性和抗风险能力。通过各种扶持和激励措施，日本的节能服务公司取得了较大的发展。节能服务公司的数量已经从 1996 年的 5 家发展到 2009 年的 321 家。2011 年，节能服务产业市场规模达到 3 亿 7000 万美元左右。项目主要集中在行政、健康、酒店、办公室、零售及工业领域，而在学校和住宅领域较少。

日本政府在政策、技术和融资方面都有专门的管理机构。经济产业省、日本节能中心负责制定促进合同能源管理的政策，日本新能源及产业技术综合开发机构、日本政策投资银行分别负责从技术和资金方面为节能服务公司提供服务（国家电网公司营销部，2011）。日本节能服务公司合同的主要形式是节能效益分享型。例如，大阪在政府选定拟改造的建筑物后，先进行咨询以确定节能策略，然后通过招标确定节能服务公司，由中标节能服务公司进行详细的节能诊断、设计改造方案、进行改造施工并负责运行调试，双方分享节能效益（王康等，2009）。

5.2.2　合同能源管理发展的国际经验

从国际经验来看，合同能源管理在北美、欧洲和日本的迅速发展都离不开政府的大力支持。通过梳理发达国家节能自愿协议的推广过程可以看出，政府部门起了决定性作用：首先，政府从本身国情出发，通过颁布一系列与节能相关的政策、法律法规，明确了节能在社会发展过程中的重要地位，同时也使得节能具有了法律约束力；其次，政府把“合同能源管理”作为一项重要的节能机制，从政策、法律、财政方面给予了该制度极大的倾向性，着力推动以该制度为基本运营制度的节能服务产业的快速发展；再次，政府以身作则，对政府机构的节能做出了明确规定，成为“合同能源管理”制度的主要服务对象，在节能服务产业的市场中，政府机构占据了很大的份额；最后，政府还通过制定 EPC 行业标准来指导 EPC 行业的发展，同时通过 ESCO 的资质审查提高了行业准入门槛，使 EPC 行业发展更加规范化。除了政府部门大力支持之外，社会各界也广泛参与，如为了给节能服务公司提供有效的融资途径，银行方面也放宽了贷款政策，并设立专门的基金用于扶持该行业的发展。

5.3 国内合同能源管理的发展概况

5.3.1 我国“合同能源管理”的引入

1992～1994 年，在世界银行（World Bank，WB）和全球环境基金（Global Environment Facility，GEF）的支持下，中国完成了《中国温室气体排放控制问题及战略研究》，该项研究的一个重要结论是中国有巨大的节能潜力，全社会存在大量的技术成熟、经济和环境效益都很好的节能项目，但是由于市场障碍这些项目未能普遍实施。为此，中国政府与世界银行多次探讨如何促进节能项目普遍实施的问题。在这样一个大前提之下，合同能源管理被引入我国，这种新机制符合我国经济转型的需要（曾宇和李英，2011）。1998 年 12 月我国正式实施“世界银行和全球环境基金中国节能促进项目”。该项目是我国政府与 WB、GEF 和欧盟国家合作实施的项目，在国际上得到了联合国有关组织和有关政府的支持。国际支持资金的总额为 1.18 亿美元，其中，项目一期欧盟赠款 400 万欧元，GEF 赠款 2200 万美元和 WB 贷款 6300 万美元；项目二期英国政府赠款 137 万美元和 GEF 赠款 2600 万美元（杨申仲，2008）。项目的实施分为两个阶段：

第一期从 1998 年至 2006 年底，主要内容是组建三个示范性的节能服务公司和国家级的节能信息传播中心，为项目提供技术援助。在北京市、辽宁省和山东省各成立了一家示范性 EMC 节能服务公司。一期项目取得了巨大的成功，三家示范性公司共实施节能项目 450 多个，实现节能投资额 13.3 亿元，形成年节能能力 149 万 tce，年二氧化碳减排能力 145 万 t。另外，国家级的节能信息传播中心负责收集、开发并向用能单位无偿提供节能信息来源，帮助用能单位更好地推进节能改造。

第二期从 2003 年 11 月至 2009 年 12 月，内容主要是在一期三家示范性节能服务公司取得成功的基础上建立更多的节能服务公司，尽快形成中国的规模化和正规化节能服务产业。2004 年，EMC 的行业组织——中国节能协会节能服务产业委员会（ESCO Committee of China Energy Conservation Assciation，EMCA）成立。在二期项目实施过程中，我国实施 EPC 的节能服务公司数量大幅增加。相对于一期的三家示范性节能服务公司，2009 年 ESCO 的数量达 502 家，节能服务产业的从业人员超过 35 000 人。二期项目成效显著，七年中 EPC 融资担保总额达到 30 亿元，年节能能力超过 300 万 tce，年二氧化碳减排能力超过 200 万 t。节能服务范围也已经扩展到工业、建筑、交通和公共设施等多个领域。

5.3.2 “十二五”期间的发展

从宏观层面看，根据 EMCA 在“2015 节能服务产业年度峰会”上发布的数据，2015 年，我国节能服务产业总产值为 3127.34 亿元，“十二五”期间年均增长率为 30.19%；合同能源管理投资为 1039.56 亿元，累计合同能源管理投资为 3710.72 亿元，“十二五”期间年均增长率为 29.31%，年节能能力为 1.24 亿 tce，减排二氧化碳 3.1 亿 t。

从微观层面看，“十二五”期末，我国节能服务产业的企业总数为 5426 家，相比于“十一五”期末增长约 6 倍；产业从业人员约为 60.7 万人，相比于“十一五”期末增长约 2.5 倍；通过银行信贷、融资租赁、企业债、上市及增发等方式获得节融资额度超过 1500 亿元。

从结构上看，第一，节能服务产业主要集中在工业领域，据 EMCA 报道，“十二五”期间，我国工业、建筑、公共设施三大领域对节能服务产业总产值的贡献率分别为 70%、21%、9%；第二，节能服务产业主要集中在东部沿海地区，据 EMCA 报道，东部地区节能服务公司占全国总数的 2/3，对产业总产值贡献率超过 70%；第三，节能服务产业出现具有一定规模的龙头企业（何珺，2016）。

从以上数据可以得出以下结论：首先，节能服务产业规模不断扩大；其次，市场机制推动节能减排的地位越来越重要；再次，融资模式创新能够增加融资来源，对节能服务产业发展有促进作用；最后，节能服务产业应该注重在中西部地区的发展，寻求更为广阔的发展空间。

5.4 合同能源管理的技术支持体系

5.4.1 节能量审核方法

根据 2010 年 8 月 9 日颁发的《合同能源管理技术通则》（GB/T 24915—2010），

项目节能量（project energy savings）指在满足同等需求或达到同等目标的前提下，通过合同能源管理项目的实施，用能单位或用能设备、环节的能源消耗相对于能耗基准的减少量。而能耗基准（energy consumption baseline）指由用能单位和节能服务公司共同确认的，用能单位或用能设备、环节在实施合同能源管理项目前某一时间段内的能源消耗状况。

（1）节能量的计算

2008 年国家发展和改革委员会及财政部联合发布了《节能项目节能量审核指南》(发改办环资〔2008〕704 号)，对节能量的确定和监测方法作了规定。项目节能量等于项目范围内各产品（工序）实现的节能量之和扣除能耗泄漏。能耗泄漏指节能措施对项目范围以外能耗产生的正面或负面影响，必要时还应考虑技术以外影响能耗的因素。单个产品（工序）的节能量可通过计量监测直接获得，不能直接获得时，可通过单位产量能耗的变化进行计算确定。另外，《节能量测量和验证技术通则》（GB/T 28750—2012）提出了节能量计算的基本公式：

$$E_s = E_{ab} - E_r + A_m$$

式中，E_s 为节能量；E_r 为统计报告期能耗；E_{ab} 为校准后能耗基准；A_m 为基准值调整值。

（2）节能量测量和验证

《节能量测量和验证技术通则》（GB/T 28750—2012）规定了节能量测量和验证的相关定义、计算原则、方法、内容、技术要求及测量和验证方案等，新建类项目、管理类项目的节能量测量和验证也可以参考此标准。下列标准对应用此标准起着必不可少的参考和指导作用：《用电设备能量平衡通则》（GB/T 8222—2008）、《用能设备能量平衡通则》（GB/T 2587—2009）、《用能设备能量测试导则》（GB/T 6422—2009）、《企业节能量计算方法》（GB/T 13234—2009）、《合同能源管理技术通则》（GB/T 24915—2010）、《测量不确定度评定与表示》（JJF 1059.1—2012）。

（3）节能量的审核

根据《关于印发合同能源管理项目财政奖励资金管理暂行办法的通知》（财建〔2010〕249 号）第十四条规定：省级节能主管部门会同财政部门组织对申报项目和合同进行审核，并确认年节能量。因此，节能量审核由地方政府进行。按照《节能项目节能量审核指南》（发改办环资〔2008〕704 号）的要求进行审核，主要审核内容包括项目基准能耗状况、项目实施后能耗状况、能源管理及计量体系及能耗泄漏四个方面，具体说明如图 5-5 所示。

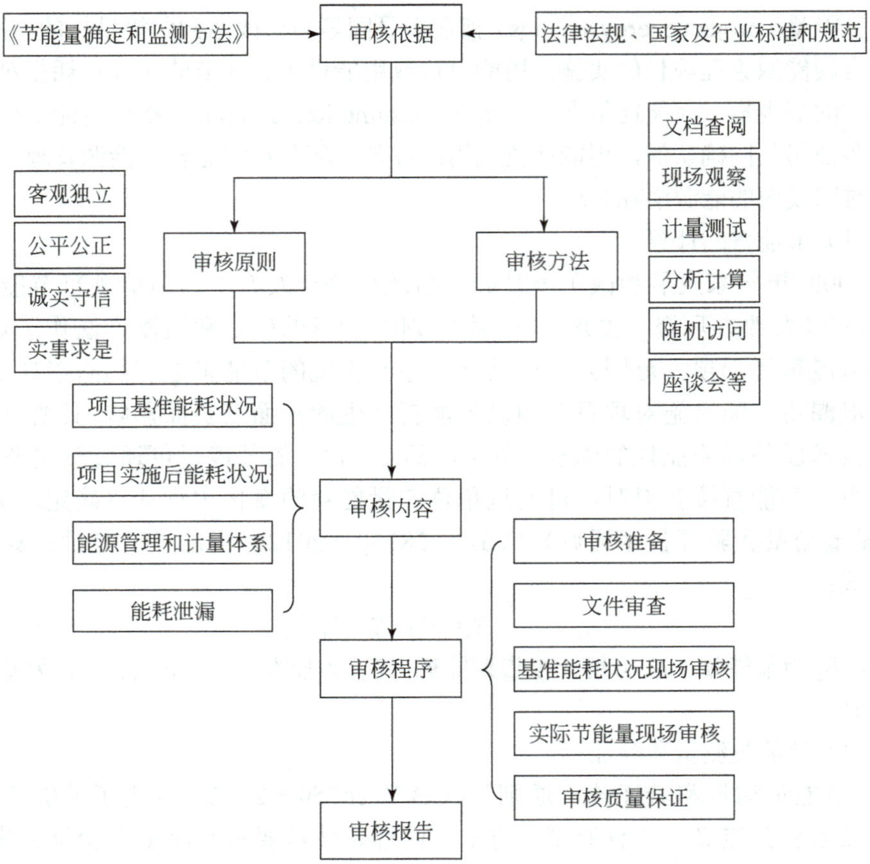

图 5-5　节能项目节能量审核

5.4.2　管理信息平台

合同能源管理机制作为节能减排的重要手段被快速推广，期间产生了许多与节能及合同能源管理相关的网络信息平台。这些网络信息平台可以归为两种：一种是基于第三方的，为能耗企业、节能服务公司、节能设备厂商和金融机构等合同能源管理相关方提供交流、合作的信息交流平台，同时也通过发布大量政府的政策信息来宣传节能减排理念和合同能源管理制度；另一种是基于政府机构的，为实现合同能源管理项目的申报评审、项目备案管理、财政补贴申请、合同能源管理的知识共享及国家相关政策法规的宣传等功能的节能服务管理信息系统，同时也可以实现政府部门对当地节能服务机构、节能量审核机构的选聘和管理等功能。此外，在 2010 年 6 月我国创新性地推出了中国合同能源管理投融资交易平台，为合同能源管理项目提供更多的资金来源。

5.4.3 合同能源管理服务的评价

（1）目的和对象

实行合同能源管理评价的目的在于规范和引导 ESCO 提供良好的 EPC 服务，降低履约的风险，促进 EPC 服务健康发展，进一步实现节能减排的目标。合同能源管理服务评价的对象为节能服务公司，考察内容包括服务能力、服务过程和服务绩效三个方面。服务的感知方为用能单位，考察内容包括功能性、经济性、安全性、时间性、舒适性、文明性六个方面。ESCO 的目的是通过提供节能服务获得节能收益，用能单位的目的在于实现节能，降低用能成本。

（2）指标

由于合同能源管理服务涉及不同合作模式、不同行业和不同技术改造等方面，需要选择具有共性的指标体系对合同能源管理服务进行评价。本研究选用了郑深等（2015）提出的合同能源管理服务评价指标（表 5-1），为了将定性指标定量化，还提出了一系列评分指南供读者参考。

表 5-1 合同能源管理服务评价指标

服务特性	评价指标	指标归类	指标说明
功能性	节能量	绩效	EPC 服务达到预期节能量的程度
	能效水平提升	绩效	EPC 服务提高客户能源利用效率的程度
	技术能力	能力	ESCO 提供服务的多样性（专业类型、服务环节、业务范围）
	专业能力	能力	ESCO 提供服务的专业性
	服务流程	过程	ESCO 提供服务的规范性
	技术成熟度/可靠性；节能效果稳定性	过程/绩效	EPC 服务技术、设备的节能效果稳定性
经济性	用能状况诊断；项目设计	过程	服务技术、设备选择的合理性与匹配性
	项目实施经济性	绩效	服务投入/产出的合理性（投资强度和投资回收期等）
	合同科学合理性	过程	节能效益分享的合理性
安全性	技术成熟度/可靠性	能力/过程	服务技术和设备的安全性、可靠性
	风险控制能力	能力	预期风险控制措施的有效性
	改造/施工	过程	改造过程人员安全防范及控制措施
时间性	改造/施工	过程	改造工期的时间把握程度
	系统运行与维护	过程	合同期内运行、维护的及时性

续表

服务特性	评价指标	指标归类	指标说明
舒适性	项目设计	过程	技术、设备的空间合理利用和操作便捷程度
	项目设计；改造/施工	过程	对改造前设备功能、舒适度的影响程度
文明性	人员培训	能力	ESCO 服务人员的整体服务意识
	人员素质	能力	服务过程和与客户关系的和谐程度

（3）模型构建

目前关于合同能源管理服务评价的研究相对较少。吕惠华（2014）从经济效益、技术发展水平和环境条件三个层面建立电力节能服务产业的服务评价模型，陈深等围绕服务能力、服务过程和服务绩效三个维度构建合同能源管理服务评价模型。前者基于电力节能服务产业，从经济、技术、环境角度对模型进行设计，具有一定参考价值，但适用范围较小；后者则基于 EPC 服务，以节能服务企业为中心构建模型，适用范围更广。因此，本研究采用陈深等构建的合同能源管理服务评价模型。

服务综合评价指标（SQI）$=\alpha\times \text{CI}+\beta\times \text{PK}+\gamma\times \text{PI}$

其中，$\alpha+\beta+\gamma=1$。

式中，α、β、γ分别为 CI、PK、PI 权重；CI 为服务能力指数；PK 为服务过程指数；PI 为服务绩效指数。三个指数分别根据表 5-1 中对应评价指标的得分加权平均获得。

5.4.4 合同能源管理服务的认证技术

2001 年 8 月，国家认证认可监督管理委员会成立。根据 ISO 的分类，可将认证形式分为管理体系认证、产品认证和服务认证。本章所讲的合同能源管理服务认证是服务认证中的一种特殊形式。我国合同能源管理服务认证模式最先由陈深等提出，他们通过分析提供服务者的服务能力、服务行为实现的服务过程、表现为服务效果和客户价值的服务绩效，提出了如下认证模式：

文件评审→现场评价（过程资料审查、人员访谈）→项目抽样调查（包括用户满意度调查）→获证候监督

但是，现阶段国内合同能源管理服务认证相对来说还处于空白期，需要进一步研究和实践进行完善。

5.5 合同能源管理的政策支持体系

2000 年至 2007 年上半年，有关合同能源管理的内容散见于国务院和相关部

委的规范性文件之中。这些文件虽均有提及推广应用合同能源管理，但并没有对合同能源管理进行具体的界定和说明，也没有相关配套措施和制度。2007 年下半年至 2010 年 3 月，除了政策层面提出继续推行合同能源管理的发展方向外，合同能源管理在正式的法律法规中得到了确认。2010 年 4 月专门针对合同能源管理政策的出台，表明我国进一步重视合同能源管理，对合同能源管理的规范和扶持也全面展开。“十二五”时期，合同能源管理具体实施措施逐步公布，合同能源管理在市场规则和制度建立方面得到完善和发展。

5.5.1 综合规定

2007 年修订的《中华人民共和国节约能源法》第六十六条提出：“国家运用财税和价格等政策，支持推广电力需求侧管理、合同能源管理及节能自愿协议等节能办法”。这为合同能源管理后续政策的出台奠定了基础。《国务院办公厅转发发展改革委等部门关于加快推行合同能源管理促进节能服务产业发展意见的通知》（国办发〔2010〕25 号）（以下简称《25 号文》）是我国为合同能源管理制定的第一个专项政策。上述文件提出，将通过加大资金支持、实行税收减免、完善会计制度和改善金融服务等措施，扶持培育一批专业化节能服务公司，发展壮大一批综合性大型节能服务公司，建立充满活力、特色鲜明、规范有序的节能服务市场，使合同能源管理成为我国实施节能改造的主要方式之一。2011 年 8 月，国务院发布《关于印发“十二五”节能减排综合性工作方案的通知》，要求将合同能源管理推广工程作为实施节能减排重点工程之一。2012 年 12 月国务院《关于印发服务业发展“十二五”规划的通知》为采用合同能源管理机制的节能服务业销售额设定年均增长 30%的目标。2013 年 8 月，国务院在《关于加快发展节能环保产业的意见》中提出，将节能环保产业作为我国国民经济的支柱产业来发展，合同能源管理是新型节能环保服务中一种重要的“市场化”方式。2015 年 12 月，《国家标准化体系建设发展规划（2016-2020 年）的通知》将节能低碳作为生态保护与节能减排领域标准化重点，而合同能源管理是制订节能基础与管理标准的重要内容，加之节能减排标准化工程被列入重大工程，合同能源管理作为重点研究制定对象理应受到重视。

5.5.2 财政奖励

以往利用中央预算内投资、中央财政节能减排专项资金支持的节能项目主要针对用能单位，对节能服务公司没有明确的国家优惠政策。《25 号文》要求对合同能源管理项目和承担项目建设的节能服务公司给予直接资金补助或奖励，同时要求各地方安排资金予以支持。为落实上述要求，国家财政部及国家发展和改革委员会印发了《合同能源管理项目财政奖励资金管理暂行办法》（财建〔2010〕249号）（以下简称《办法》）和《国家发展改革委办公厅、财政部办公厅关于财政奖励合同能源管理项目有关事项的补充通知》（发改办环资〔2010〕2528 号）对奖励办法作了具体说明。

5.5.3 税收优惠

《25 号文》提出对节能服务产业采取适当的税收扶持政策。为落实该要求，相关部门出台了《财政部、国家税务总局关于促进节能服务产业发展增值税、营业税和企业所得税政策问题的通知》（财税〔2010〕110 号），对节能服务公司实施合同能源管理项目涉及的税收政策作了具体说明。2011 年 12 月，《财政部、国家税务总局关于应税服务适用增值税零税率和免税政策的通知》（财税〔2011〕131号）提出，境外试点地区的单位和个人提供合同能源管理服务免征增值税，但不包括合同标的物在境内的合同能源管理服务，对境内货物或不动产的认证服务、鉴证服务和咨询服务。

5.5.4 金融服务

《25 号文》提出进一步改善与合同能源管理相关的金融服务，如鼓励银行创新信贷产品、拓宽担保品范围及简化申请和审批手续等。不过，《25 号文》未对上述内容作具体说明，中央各部委也未出台与之对应的实施细则。2016 年 8 月，《国务院办公厅关于石化产业调结构促转型增效益的指导意见》要求加大对石化产业的财政金融支持，引导金融机构大力发展合同能源管理未来收益权质押贷款等绿色信贷业务。

5.5.5 服务政府

在当前实践中，合同能源管理不仅服务于私人部门，也包括公共部门。2008年 7 月，国务院第十八次常务会议通过《公共机构节能条例》，其中，第二十六条明确授权公共机构采用合同能源管理方式，公共机构可以委托节能服务机构进行节能诊断、设计、融资、改造和运行管理。2011 年 2 月，财政部发布《关于印发2011 年政府采购工作要点的通知》，要求党政积极开展探索合同能源管理和“云计算”等新型服务业态的政府采购工作。2012 年 5 月，合同能源管理服务（C0907）

已经纳入《政府采购品目分类目录（试用）》中。在 2012 年 12 月发布的《中央预算单位 2013—2014 年政府集中采购目录及标准的通知》和 2014 年 10 月发布的《中央预算单位 2015-2016 年政府集中采购目录及标准的通知》中，合同能源管理服务成为政府集中采购机构的采购项目之一，中央预算单位与节能服务公司以合同形式约定节能目标，节能服务公司提供必要的服务，中央预算单位以节能效益对节能服务公司进行支付的服务项目（表 5-2）。

表 5-2 合同能源管理的政策法规及条例

时间	名称	主要内容
2008 年 8 月	《公共机构节能条例》	鼓励公共机构采用合同能源管理方式，委托节能服务机构进行节能诊断、设计、融资、改造和运行管理
2010 年 4 月	《国务院办公厅转发发展改革委等部门关于加快推行合同能源管理促进节能服务产业发展意见的通知》	到 2015 年，建立比较完善的节能服务体系，专业化节能服务公司进一步壮大，服务能力进一步增强，服务领域进一步拓宽，合同能源管理成为用能单位实施节能改造的主要方式之一
2010 年 6 月	《合同能源管理项目财政奖励资金管理暂行办法》	中央财政安排奖励资金，支持推行合同能源管理，促进节能服务产业发展
2010 年 10 月	《国家发展改革委办公厅、财政部办公厅关于财政奖励合同能源管理项目有关事项的补充通知》	补充：财政奖励资金支持的项目内容主要为锅炉（窑炉）改造、余热余压利用、电机系统节能、能量系统优化、绿色照明改造和建筑节能改造等节能改造项目，且采用的技术、工艺、产品先进适用
2010 年 12 月	《财政部、国家税务总局关于促进节能服务产业发展增值税、营业税和企业所得税政策问题的通知》	对符合条件的节能服务公司实施合同能源管理项目，取得的营业税应税收入，暂免征收营业税；节能服务公司实施符合条件的合同能源管理项目，将项目中的增值税应税货物转让给用能企业，暂免征收增值税
2011 年 8 月	《关于印发“十二五”节能减排综合性工作方案的通知》	加快推行合同能源管理。落实财政、税收和金融等扶持政策，引导专业化节能服务公司采用合同能源管理方式为用能单位实施节能改造，扶持壮大节能服务产业。研究建立合同能源管理项目节能量审核和交易制度，培育第三方审核评估机构。鼓励大型重点用能单位利用自身技术优势和管理经验，组建专业化节能服务公司。引导和支持各类融资担保机构提供风险分担服务

续表

时间	名称	主要内容
2011 年 12 月	《财政部、国家税务总局关于应税服务适用增值税零税率和免税政策的通知》	向境外单位提供的下列应税服务：合同能源管理服务
2012 年 12 月	《关于印发服务业发展“十二五”规划的通知》	大力推行合同能源管理，以做精、做专、做强为方向，扶持壮大一批专业化节能服务公司，引导技术研发和投融资等机构利用合同能源管理机制开展节能服务
2013 年 8 月	《关于加快发展节能环保产业的意见》	发展节能服务产业。落实财政奖励、税收优惠和会计制度，支持重点用能单位采用合同能源管理方式实施节能改造，开展能源审计和“节能医生”诊断，打造“一站式”合同能源管理综合服务平台，专业化节能服务公司的数量、规模和效益快速增长。积极探索节能量交易等市场化节能机制
2015 年 12 月	《国家标准化体系建设发展规划（2016—2020 年）的通知》	制（修）订能效和能耗限额等强制性节能标准及在线监测、能效检测、能源审计、能源管理体系、合同能源管理、经济运行、节能量评估、节能技术评估与能源绩效评价等节能基础与管理标准，制（修）订高效能环保产品、环保设施运行效果评估相关标准，制（修）订碳排放核算与报告审核、碳减排量评估与审核、产品碳足迹、低碳园区、企业及产品评价、碳资产管理、碳汇交易、碳金融服务相关标准
2016 年 7 月	《中华人民共和国节约能源法》（2016 年 7 月修订）	推动全社会节约能源，提高能源利用效率，保护和改善环境，促进经济社会全面协调可持续发展
2016 年 8 月	《国务院办公厅关于石化产业调结构促转型增效益的指导意见》	公共机构可以采用合同能源管理方式，委托节能服务机构进行节能诊断、设计、融资、改造和运行管理

5.6 合同能源管理对节能和碳减排工作的影响

5.6.1 对企业的影响

（1）对炼化企业的影响

炼化企业既是能源生产大户，也是能源消耗大户，在为社会提供清洁油品的同时也承担着义不容辞的节能责任。炼化企业能源消耗量占中国石油能源消耗总量的 50%左右，承担着中国石油“十二五”节能节水指标近一半的任务，工作压力巨大。在这样的背景下，有必要引入合同能源管理，通过与 ESCO 签订能源管理合同，享受其节能诊断、融资和改造等服务，并降低节能改造资金的投入和技术风险。但是由于节能效果有限，国内的 ESCO 普遍规模较小，技术实力偏弱，对石油石化行业的工程经验还很少，经济效益评价也面临困难。炼化企业各装置关联度较大，影响装置能耗的因素众多，有时很难对单项技术改造的节能效果进行量化评价，给节能经济效益定量评价和合同后期效益分成带来难度。而在与外部 ESCO 进行项目合作时，存在企业秘密被泄露的可能性。而为了项目的顺利进行，难免要把企业装置和生产情况等基础数据资料告知对方，有些涉及公司核心利益的商业或技术秘密存在被泄露的可能性。

（2）对火电企业的影响

能源局“十二五”规划中提出“单位 GDP 能耗降低 16%”的目标，为达到此目标，国家发展和改革委员会与财政部联合出台了《关于开展燃煤电厂综合升级改造工作的通知》，提出对在役煤电机组实施综合升级改造将获得政策上的极大支持，这有效地推动了在役煤电机组节能升级改造的步伐。火电企业的改造有以下特点：①技术含量高，初始投资大；②施工环境复杂，施工安全风险大；③投资收益不明显，投资风险大。合同能源管理在火电企业中应用还存在以下问题：①对高参数火电企业缺乏强制性的规定来促使其实施节能改造；②节能服务公司资产规模小，难以实现连续投资；③节能服务公司技术薄弱，服务水平难以保证。

（3）对电信行业的影响

电信行业不仅是一个高科技的行业，也是一个高耗能行业。电信企业节能减排工作目前已经涵盖了电信运营企业与节能减排相关的节能、节地、节材、废弃物回收和环境保护及推进信息化等不同层面。中国电信企业节能减排策略如下：①加强成熟技术推广，发挥规模效应；②积极创新研发试点，实现技术革命；③建立整体能效评估标准，提升系统效率；④建立健全制度和宣传体系。电信企业过程具有以下三个特点：一是电信企业不用资金投入即可完成节能技术改造，即“零投入”；二是节能服务公司承担技术风险和经济风险，电信企业支付的款项全部来自能源节约所带来的项目效益，电信企业“零风险”；三是合同结束后，节能设备和后续全部节能效益归电信企业。

5.6.2 节能减排效果分析

截至 2006 年 6 月底，“世界银行和全球环境基金中国节能促进项目”一期实现了以下节能减排效果：节能投资额为 13.3 亿元；年节能能力为 149 万 tce，年二氧化碳减排能力为 145 万 t。该项目二期实现了以下成果：年节能能力超过 300

万 tce，年二氧化碳减排能力超过 200 万 t。“十一五”期间，节能服务产业二氧化碳减排量从 215.45 万 t 增至 2662.13 万 t，节能能力升为 451 万 tce/a，CO_2减排能力升为 145 万 t 碳/a。“十二五”期间，节能服务产业年均增长率为 29.31%，年节能能力为 1.24 亿 tce，减排二氧化碳为 3.1 亿 t。合同能源管理在我国产生了良好的节能和环境效益。

此外，“十二五”期间合同能源管理与碳交易相结合。我国在北京市、上海市、天津市、重庆市、湖北省、广东省和深圳省开展碳交易试点工作。合同能源管理项目可减少二氧化碳等温室气体的排放，由此取得碳补偿信用（carbon offset credits）用于交易。不过，合同能源管理和碳交易在我国均处于起步阶段，两者的配套机制有待建立和完善。

5.7 合同能源管理发展面临的主要问题及其政策建议

我国合同能源管理发展所取得的诸多成就，对节能和碳减排工作起到了重要的作用。但是由于合同能源管理发展时间较短，仍然存在如政策不配套、政策缺乏系统性和因市场机制不健全而推广难、融资难、资金回收难，以及第三方专业化的服务评价机构缺乏等问题。以下将对合同能源发展面临的主要问题进行分析，并提出相应的政策建议。

首先，政策方面，一是政策不配套，各行业各地区关于合同能源管理详细的实施细则和指导意见不健全。例如，韩立成等（2016）提到的一个典型例子，2014 年 9 月江苏省出台《关于印发加快推进半导体照明产业发展的意见的通知》，但是 1 年多来没有相关的详细的实施细则和指导意见出台，使该行业的发展缺乏具体可行的实施方案和依据，合同能源管理在该行业的发展进度缓慢。二是政策缺乏系统性，部分地方政府出台的政策缺乏适合本地区的财务管理、财税减免、金融支持和政策性奖励等一整套系统性的法律法规。

其次，市场机制不健全使 EPC 项目的实施存在不同来源的风险，因而 EPC 项目面临推广难、融资难和资金回收难等问题。例如，第一，用能单位方面存在缺乏监督机制及信息不对称等问题，容易导致用能单位存在拖欠服务费和转移节能量等信用风险；存在盈利能力下降及生产规模递减等经营风险；存在企业改制与领导层离职等合同风险。第二，EPC 项目自身存在项财务、技术、节能量和能源价格波动等风险，这些问题对合同能源管理的推进产生一定程度的阻碍作用。

再次，在专业化的服务评价机构设立方面目前国内还相对欠缺。邓向辉和齐晔（2012）、李云等（2014）、郑深（2015）也在这方面提出问题，他们均认为，我国在关于节能量的认证及节能服务评价的第三方权威机构较为缺乏，而单独依靠 ESCO 与用能单位来确定评价标准很难达成统一意见，这在一定程度上阻碍了合同能源管理在我国的发展。

最后，融资方面也存在如下问题：第一，融资渠道单一，金融创新不足。大多数节能服务公司管理及所有权体制不健全，而且通常为中小型公司，很难在资本市场获得融资。其融资渠道主要是银行贷款。由于节能改造项目投资周期长、投资金额庞大，同时缺乏抵押担保，通过银行贷款获得足够的融资较为困难。第二，融资风险大。通常，合同能源管理项目的投资周期较长，在运营过程中存在一定的不确定性。其中，增加融资风险的不确定性有两大方面：项目未来收益的不确定性和未来信用履约的不确定性。第三，融资抵押、担保受限。多数在运营的节能服务公司属于轻资产企业，一般无法提供保证其贷款安全性的担保或抵押。在社会信用体系尚未建立的情况下，融资的信用风险也较大，这同时也制约着合同能源管理项目的信用融资。第四，科学的合同能源管理项目缺乏评估体系。随着时代的发展，现有的银行评估体系已经不适用于合同能源管理项目，对部分新兴技术无法鉴定。由于缺乏科学的合同能源管理项目评估体系和统一的评估标准，无法准确地对项目价值进行评价。

由此，提出政策建议：

1）政策出台要注重系统性、时效性，与相关行业横向发展及纵向发展需求向匹配。具体而言，地方政府应尽快出台相关行业的地方细则、技术导则、地方标准、合同能源管理的合同和招标投标办法等，在地方政府管辖范围内尽可能做到统一，形成一套系统的、具有地方特色的、符合经济发展规律的法律法规。

2）完善合同能源管理市场机制。第一，地方政府应响应中央号召，建立和完善激励惩罚机制，从财税、金融和市场等领域加大对节能服务产业的扶持力度。第二，加快标准化建设，规范节能服务产业的行为。第三，从立法、司法、行政和社会公众四个维度对参与合同能源管理项目的企业进行监督。第四，建立节能服务信息共享平台，尽可能减少由信息不对称带来的问题。第五，节能服务公司和用能单位自身应增强法律意识和风险意识，做到遵守法律法规和积极规避风险等。

3）成立权威的节能服务评价机构和节能量认证机构，提高节能产品和节能服务的公信力。节能服务评价机构专门负责对服务评价标准的制定和发布，另外，对节能服务公司的服务质量进行评级和认证。节能量认证机构专门制定 EPC 项目的节能量测定和审核方法，并负责对 EPC 项目的节能量进行测定和审核。节能服务评价机构和节能量认证机构均由第三方机构担任。

4）融资方面。首先，基于合同能源管理投融资交易平台建立多层次的合同能源管理金融支持体系，包括一级投融资市场、二级转让市场和衍生品交易市场。基于多层次金融市场体系，对金融工具创新，如开设未来节能收益权、节能收益债券。其次，促进财政资金使用多样化。财政资金除了对节能服务公司和用能单位提供奖励外，还可以考虑为金融机构提供奖励；借鉴国外的贷款担保基金运作经验，依托财政出资设立贷款担保基金，为节能服务公司的融资提供担保。例如，低碳产业基金用于投资新能源、节能减排、能效金融和绿色产业等，考虑设立节能服务产业发展基金，加大对节能服务公司的股权投入，同时引导其他产业投资基金投资这个高技术、高成长性的市场。

参考文献

陈臻. 2014. 能源与环境法律政策新观察（2013—2014）. 北京：法律出版社.
邓向辉，齐晔. 2012. 合同能源管理的中国化与发展现状分析. 环境科学与管理，37（12）：1-6.
董十弓. 2010. 电信企业合同能源管理模式问题研究. 北京邮电大学硕士学位论文.
国家电网公司营销部. 2011. 能效管理与节能技术. 北京：中国电力出版社.
韩立成，章回，周鸣. 2016. 从合同能源管理案例谈江苏LED绿色照明产业发展. 中国照明电器，（3）：23-28.
韩民，孟祥源. 2013. 多层次的合同能源管理金融市场体系设计. 技术经济与管理研究，（4）：87-91.
何珺 MEB记者. 2016-2-1“十二五”节能服务产业年均增长逾30%　未来仍被看好. 机电商报.
黄芳，俞自涛，胡亚才，等. 2011. 合同能源管理的现状分析和发展对策. 节能技术，29（4）：375-378.
贾晓燕，封延会. 2012. 合同能源管理融资：现状与突破. 中国科技论坛，（4）：30-37.
贾振航，姚伟，高红. 2006. 企业节能技术. 北京：化学工业出版社.
孔源，刘亮. 2013. 美国合同能源管理法律制度和政策介绍. 东方企业文化，（15）：240.
李晓静，高璇. 2015. 国外典型合同能源管理融资模式的对比研究. 能源研究与管理，（3）：21-23.
李云，邓秋玮，郑深，等. 2014. 国外合同能源管理服务评价现状及启示. 质量与认证，（11）：70-72.
吕惠华. 2014. 合同能源管理节能服务模式在供电企业的应用. 华北电力大学硕士学位论文.
吕荣胜，王建. 2011. 中外合同能源管理应用发展对比研究及启示. 中外能源，16（8）：22-28.
孙红. 2012. 合同能源管理实务. 北京：中国经济出版社.
滕利辉. 2015. 合同能源管理在火电企业应用策略分析. 电力科技与环保，31（2）：5-7.
王康，程丹明，胡洁. 2009. 国外“合同能源管理”的发展概况. 上海节能，（11）：8-11.
武德俊，柳晓雷. 2010. 合同能源管理运作模式及典型案例. 节能与环保，（3）：17-18.
谢修平，郑深，邓秋玮，等. 2014. 合同能源管理服务评价指标体系研究. 中国标准化，（7）：88-92.
杨申仲. 2008. 能源管理工作手册. 长沙：湖南科学技术出版社.

曾宇，李英. 2011. 合同能源管理法律与实践. 北京：光明日报出版社.
章龙江，刘富余，余绩庆. 2012. 中国石油炼化企业引入合同能源管理的探讨. 中外能源，17（11）：65-68.
赵明. 2010. 中国节能服务产业：回顾与展望. 建设科技，（16）：16-18.
郑深. 2015. 合同能源管理服务综合评价与认证技术. 北京：中国标准出版社.
Strahil P，Nicola L，Paolo B，et al. 2014. ESCO Market Report for Non-European Countries 2013. European Commission，Joint Research Centre，2014：164.

第 6 章 能效标准与标识

6.1 能效标准与标识的概念

6.1.1 概念

能源效率标准简称能效标准（energy efficiency standard）指在不降低产品的特性和性能、质量、安全、整体价格的前提下，对用能产品的能源性能做出的具体要求。能源性能的制定遵循技术可行、经济合理、既有利于消费者又不损坏生产商的原则。

能效标准是规定产品能源性能的程序或法规。“标准”通常包括两层可能的含义：一是定义了明确的协议或者实验室测试程序，通过该协议可以对一个产品在正常使用情况下的能源性能进行充分准确的评估，或至少可以得到该产品的能源性能与其他型号产品的相对排序；二是依据制定的测试协议确定能源性能，这里的能源性能通常指最大能耗或最低能效的目标限定值。

能效标识（energy label）是粘贴在用能产品上的一种标签，表明用能产品能效水平的高低，突出能效等级，主要用来帮助和鼓励消费者购买优质高效的产品，使消费者在购买产品时可以比较不同品牌的同类产品的能效（能耗）情况，做出正确的选择。同时也影响生产厂家、销售商的产品设计和市场营销策略，以促进、拉动产品能效的提高和节能技术的进步。

能效标准、标识制度是确定能源节约与浪费的尺度，是政府对节能实行管理和调控的有力措施，也是衡量用能单位是否达到节能的准则。能效标准、标识制度的有效实施，对减缓电器和工业设备等的能源消耗增长势头，减少国家对能源供应基础设施的投资，改善消费者福利，引导市场转换、加强市场竞争和扩大贸易，减少环境污染和温室气体排放等方面，具有明显的经济效益和社会效益。

6.1.2 分类

能效标准可分为三类，即指令性标准、最低能源性能标准（minimum energy

performance standard，MEPS，简称性能标准）和平均能效标准。指令性标准要求在所有新产品上增加一个特殊的性能或安装一个独特的装置。最低能源性能标准是规定产品必须达到最低能效（或最大能耗）要求的标准。这些标准规定产品的能源性能，但不对技术或设计规格提出要求。平均能效标准则规定产品在一段时间内的平均能效，允许每个生产厂家在产品设计时可以适当选择能效水平，从而使其产品的总体能效水平达到平均值。

我国的能效标准与以上三类能效标准略有不同，根据节能工作的特点及节能管理工作的需要，目前我国能效标准的主要内容有能效（能耗）限定值，即最低能效（或最大能耗）标准和节能评价值指标。未来我国的能效标准中还可能增加有关能效分级指标的内容或将能效分级指标同节能评价指标结合。

如果能效标准主要起到督促制造厂商改进产品节能效果的作用，那么能效标识主要是帮助消费者认识和购买优质高效的节能产品。目前世界上有三种类型的能效标识，即保证标识、比较标识和单一信息标识。

（1）保证标识

保证标识也可称为认证标识或认可标识，是向数量一定且符合要求的产品提供的一种统一的标签。不过标签上没有具体信息，只能定性表示产品已达到或超过某一能效水平，无法量化。这种标识通常针对能效水平排在前 10%～20% 的用能产品，主要用来帮助消费者区分相似的产品，如紧凑型荧光灯比白炽灯更节能。

（2）比较标识

比较标识通过不连续的性能等级体系或连续性的标尺，为消费者提供有关产品能耗、运行成本、能效或其他重要特性等方面的信息。消费者在选购产品时，可将能效与价格、可靠性、便捷性和其他一些特性一并考虑，并且可与相似产品的能源性能进行比较。

（3）单一信息标识

单一信息标识只提供产品的技术性能数据，如产品的运行费用、年度能耗量和其他重要特性等具体数值，而没有反映出该类型产品所具有的能效水平，也不提供进行不同型号产品之间能耗性能对比的简单方法（如分级体系）。这类标识只包含纯技术信息，不便于消费者进行比较和选择。采用单一信息标识的有日本的产品能源标识和加拿大的汽车燃料效率标识等。

信息型标识提供产品能耗数量、能耗费用或能效等级等有关该产品的各种重要信息，而保证型标识则只表示产品已达到规定的能效标准或相关要求，没有具体的达标程度和等级比较的信息。按一般惯例，保证型标识通常是授予能效排在前 10%～20%的产品。保证型标识又称标志，如美国的“能源之星”标志、欧洲能效指令 ERP、澳洲 MEPS 和我国的“节能标志”等。

“能源之星”（ENERGY STAR）能源标识计划由 USEPA 于 1992 年发起。“能源之星”标识为自愿性要求，但在节能管理与能效标准方面，它不仅在美国本土发挥着重要的作用，而且已成为了一个国际性的节能标志，目前已被加拿大、日本、欧盟各国和澳大利亚等诸多国家引进。

图 6-1 “能源之星”标志

中国节能产品认证标志由“energy”的第一个字母“e”构成一个圆形图案，中间包含了一个变形的汉字“节”，寓意为节能。缺口的外圆又构成“China”的第一个字母“C”，“节”的上半部简化成一段古长城的形状，与下半部一起构成一个烽火台的图案，象征着中国。“节”的下半部又是“能”的汉语拼音第一个字母“N”。整个图案中包含了中英文，以利于国际接轨。整体图案为蓝色，象征着人类通过节能活动还天空和海洋于蓝色。

图 6-2 中国节能产品认证标志

中国能效标识的主要内容包括：①生产者名称或者简称；②产品规格型号；③能效等级；④能源消耗指标；⑤其他重要的性能指标；⑥执行的能效国家标准编号。其中：

等级 1 表示产品达到国际先进水平，最节电，即耗能最低；

等级 2 表示比较节电；

等级 3 表示产品能效为我国市场的平均水平；

等级 4 表示产品能效低于市场平均水平；

等级 5 是市场准入指标，低于该等级要求的产品不允许生产和销售。

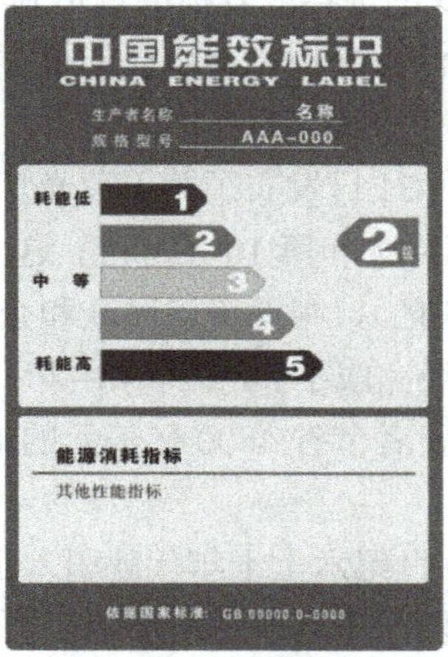

图 6-3 中国能效标识

6.2 国外能效标准与标识的发展概况

6.2.1 国外能效标准与标识的发展及现状

波兰是国际上最早实施强制性最低能效标准的欧洲国家，其导入的强制性能效标准与标识经过 20 世纪 70 年代末至 80 年代初的调整形成规模。最早运用能效标准制度有效地影响制造商进而达到显著节能效果的国家应属美国，1977 年美国加利福尼亚州制定了历史上第一个综合性的家用电器能效标准。世界其他国家（如加拿大、澳大利亚、欧盟各国及部分亚太国家）也先后针对一部分家用电器实施了比较完善的能效标准项目。

（1）美国

1987 年美国政府将全国主要家用耗能产品和设备的能效标准纳入国家节能法（NAECA）中，从此产品能效标准作为一项联邦法律文件在全国强制实施。

2009 年 11 月 18 日，美国加利福尼亚州能源委员会一致通过了美国第一部针对电视机的强制性能效标准（California Code of Regulations，Title 20，Sections 1601～1608），这个标准已于 2011 年实施。美国家用电器制造商协会（AHAM）联合 26 家家电企业及能源监管组织，达成一项关于提高家电产品能源效率、节水能力及促进智能家电产品研发的协议。该协议内容涉及冰箱、冷柜、洗衣机、干衣机、洗碗机和空调的推荐能效标准和耗水量标准，以及申请将智能家电列入“能源之星”认证计划等。该协议的推荐能效标准包括到 2014 年 1 月，冰箱和冷柜的耗电量降低 30%。据美国能源部分析，此协议的推荐标准实施后，美国每年可节约 40%的电力消耗。

美国能源部 2014 年 12 月 31 日发布了关于荧光灯和自定商业制冰机的新能效标准。这是 2014 年发布的第 9 条和第 10 条标准，这 10 条能效标准将促进美国在 2030 年前二氧化碳减排 4.35 亿 t，帮助美国民众和企业节省电费 780 亿美元。截至 2014 年底，美国能源部已经完成了 30 多种家用和商用设备的能效标准。到 2030 年，这些能效标准将帮助消费者节省 4800 亿美元的电费。

（2）欧盟

欧洲的一些国家早在 20 世纪六七十年代就引入了电器能效标准，但这些早期的标准法律地位薄弱，对电器几乎没有任何影响。而后在 70 年代末期至 80 年代早期被认为阻碍了欧洲的自由贸易而遭到废止。到目前为止只有三项强制性标准，分别针对制冷设备（指令 96/57/EC）、燃气或燃油热水锅炉（指令 92/42/EEC）和镇流器（指令 00/55/EC）。为提高产品的能效，欧盟更倾向于采用自愿性标准或协议协定（negotiated agreements），协议内容由欧盟和制造商协会来确定。目前协议协定包括洗衣机、洗碗机、家用电热水器的能耗指标，以及电视机、录像机和音频设备的待机能耗指标。

与 MEPS 相比，欧盟的标识项目相当成功，特别是比较标识在世界上都具有样板作用。1992 年，欧盟通过了家庭电器能源标识框架指令（92/75/EEC），它要求所有成员国强制实施比较标识，新产品加入这一体系不需要欧洲议会和理事会的批准。目前实施该标识的电器有制冷设备（94/2/EC）、洗衣机（95/12/EC）、干衣机（95/13/EC）、洗衣干衣机（96/60/EC）、洗碗机（97/17/EC）、家用灯具（98/11/EC）、家用空调机（02/31/EC）。2010 年，欧盟出台了新能源标识框架指令，将能源标识体系进行了重大调整。在新能源标识体系下，欧盟在官方公报中公布了第一批包含家用洗碗机、电冰箱、洗衣机和电视机的新能源标识实施细则，它们分别为（EU）NO 1059/2010，（EU）NO 1060/2010，（EU）NO 1061/2010，（EU）NO 1062/2010。

（3）加拿大

加拿大政府 1978 年开始强制实施 Ener Guide 标识计划，由自然资源部（Natural Resources Canada，NRCan）负责执行。第一批标示产品包括房间冷气机、电冰箱、冷冻柜、一体式电冰箱-冷冻柜；1995 年起增加了洗衣机、干衣机、一体式洗衣机-干衣机、洗碗机、电炉/烤炉。加拿大政府于 1992 年公布《能源效率法》，该法正式规定在特定电器上必须要贴附Ener Guide标识。

加拿大政府自2001年起从美国引进带有自愿性质的“能源之星”计划，并交由NRCan的能源效率办公室（Office of Energy Efficiency，OEE）主管。“能源之星”标识可标示于Ener Guide上。加拿大能源之星标识计划产品项目包括家用电器、住宅冷暖气设备、办公室设备、消费电器、窗户与玻璃滑门等，涵盖的产品项目极为广泛。而其他国家的能源之星标识计划的产品项目大多只包括办公室设备。2010年，加拿大政府拟建议对一系列家用和工业产品设立新的最低能效标准（MEPS），电动机、家用燃气和燃油锅炉、干式变压器、大型空调、热泵、商用成套制冷系统、室内空调、通用白炽反射灯、外部电源、数字电视适配器、电锅炉、便携式空调、单体式立式空调和热泵、电子产品（即音响、电视、视频产品）等数十类产品均在修订范围之列。2011年5月1日，强制性备用电源性能标准在加拿大的便携型音响产品，电视机和视频产品中开始执行。同时，加拿大自然资源部（NR Can）对外部电源也正式要求能效认证标志和能效报告。2016年12月28日，NR Can正式对外发布了第十三号能效法规修订案，并于2017年6月28日强制执行。

（4）日本

日本于1979年推出的《合理用能法》（*The Law Concerning Rational Use of Energy*），即通常所说的《节能法》（*The Energy Conservation Law*）是制定能效标准和标识项目的基础。该法于1993年和1998年先后经过两次修订。它主要由国际贸易和工业部（Ministry of International Trade and Industry，MITI）具体管理和实施。

日本没有MEPS项目，取而代之的是“Top Runner”项目。“Top Runner”项目以市场上每类电器中能效最高的产品为基准，能效目标比市场上最高能效高，当一个项目达到年限后即设定新的目标。然而，这一目标等级不要求所有电器都达到，只要制造商和进口商当年销售的产品的平均水平达到或超过目标即可。尽管不是一个严格的强制性项目，但低性能也要受惩罚。该项目被认为是当时世界上最严格的电器能效标准。日本的强制性比较标识项目2000年才开展，也由MITI负责，目前包括如下产品，即空调器、荧光灯、电视机、电冰箱（包括冷藏箱和冷冻箱）。此外，日本政府还与USEPA合作引入了国际“能源之星”标识。

能效标准在不同的国家推行的方法也不同。有的国家把执行能效标准作为一项强制性的要求，而一些国家则是作为一项自愿性的协议，作为一个节能项目由政府部门与产品制造商签订能效目标的协议。实施能效标准的产品对象目前主要是家用电器产品、照明产品和部分办公及商用耗能产品。

6.2.2 能效标准与标识发展的国际经验

合理使用和节约能源、全面提高各种耗能产品和设备，尤其是工业耗能产品的能效水平成为当务之急。而主要手段和有效途径是要全面加强能效标准的制订和贯彻实施，这已被国外的成功经验所验证。世界上许多国家陆续从 20 世纪 70 年代末、80 年代初开始开展各种各样的能效标准的研究与实施活动，而且基本上都是由政府亲自主持并进行推动，用以促进本国、本地区的节能和能效提高、环境改善。不仅美国、日本和欧盟、北美中的部分发达国家取得了成功的经验，亚洲和太平洋地区的许多发展中国家也都在开展这方面的工作，并取得了可喜的成果。在西方发达国家中，能源标准和标识的发展经历了产生、发展和成熟的过程，积累了丰富的经验，对其他国家都具有广泛的借鉴作用。其中的经验主要有以下几个方面：

1）通过国家立法和主管部门颁布相关的法规是保证能效标准和标识制度成功实施的首要条件。法规中应明确需开展能效标准、标识的产品范围、性质、主要内容和程序、实施方案和监督管理办法、法则等。

2）制定强制性能效标准可以严正拒绝高耗能、低效率的用能产品进入市场，有效地推动产品能效水平的提高。能效标准、能源信息标识、认可标志的作用和特点不同，所涵盖的产品范围、实施方式应有所不同，如能效标准、能效信息标识宜采用强制性方式推广，认证标识则具有简洁易懂但无法强制实施的特点，三者共同发展，才能建立一个完整的节能促进体系。

3）使消费者购买高效产品是有效的节能途径之一，能效标识制度有效拉动了高效产品市场需求。实施强制性能效信息标识和自愿性能效标识制度，明确了节能目标，用消费者的需求有效拉动了产品整体能效水平的提高。将强制性能效信息标识、能效标准、自愿性保证标志紧密结合将取得最大的节能和环保效益。

4）制定和实施能效标识制度抓住了节能工作的源头，因此，能够取得非常显著的节能效果。随着市场经济的发展，政府职能不断转变，现在我国的节能管理工作已逐步由注重生产工艺过程、生产企业整体节能状况转移到控制源头耗能设备的节能新模式，以期取得更好的节能效果。

5）建立相应的激励和惩罚政策是促进节能活动成功的重要因素。针对生产和使用高效节能产品的企业和消费者制定相应的政策，其中，激励政策包括实施减免税政策、纳入政府采购计划等；惩罚政策包括对不符合相关能效标准用能产品实施市场不准入；对不符合强制认证标准的产品生产企业进行罚款，促使其进行技术升级改造等。

6.3 国内能效标准与标识的发展概况

6.3.1 国内能效标准与标识的发展及现状

（1）起步阶段

自 20 世纪 70 年代末中国实施改革开放政策以来，国民经济开始迅速发展，人民生活水平和质量不断提高。家用电器的拥有量和民用耗电量也随之快速增长。1981 年，为组织开展节能和能效标准化技术工作，原国家标准局成立了全国能源基础与管理标准化技术委员会，专门负责节能和能效领域及能源基础和管理方面的国家标准制修订工作。

20 世纪 80 年代中后期，全国能源基础与管理标准化技术委员会组织有关单位和专家制定了第一批共 9 项家用电器能效标准，包括《家用和类似用途电器电耗、(效率)、限定值及测试方法编制通则》(GB 12021.1—1989）及家用电冰箱、房间空气调节器、家用电动洗衣机、彩色及黑白电视接收机、自动电饭锅、收录音机、电风扇、电熨斗 8 个家用电器的专项能效标准，这批国家标准于 1989 年 12 月 25 日由国家质量技术监督局批准发布，1990 年 12 月 1 日正式实施。

首批能效标准的制定主要针对家用电器，标准中规定了各种家用电器的电耗或效率限定值及电耗（效率）指标的测试方法，其主要目的是限制和淘汰当时比较落后的高能耗的家电，属于现状标准。它的实施对提高中国家用电器的能效发挥了积极作用。但由于当时条件所限，标准分析以根据产品市场分布应用概率统计法为主，对标准的技术经济性分析不够，能效指标不是很科学，再加上社会各方面对标准的认识还不到位，对标准的重视程度也不够，因而这批能效标准的实施没有达到理想的效果。

（2）稳步发展阶段

进入 20 世纪 90 年代以来，国外能效标准的制定与实施活动逐渐深入开展，能效标准的分析研究手段随之进一步完善，标准的实施成效也不断显现，这些先例为中国能效标准的研究提供了许多可供借鉴的经验。而且，随着科学技术的不断进步，中国家用电器的研制、生产水平也有了很大提高，为进一步提高能源利用效率、促进节能创造了技术条件。尤其是 1998 年 1 月 1 日《中华人民共和国节约能源法》的颁布实施之后，中国政府对节能管理工作的力度逐渐加强，节能和能效标准化工作被纳入法制化管理轨道，既为中国全面修订和逐步制定能效标准带来了机遇，也对能效标准的研制提出了更高的要求和目标。

从 1995 年起，中国标准化研究院（原中国标准研究中心）、全国能源基础与管理标准化技术委员会经国家质量技术监督局批准，在政府有关部门的领导下，与 USEPA、美国能源基金会、国际节能研究所及美国劳伦斯伯克利国家实验室等相关国际组织机构进行了广泛交流与合作，在国情分析的基础上借鉴国外先进分析方法，陆续开始组织首批能效标准的修订和部分新的家用电器和照明产品能效标准的制定工作。从此，中国能效标准的研究工作进入了一个稳步发展的阶段。在这一阶段，先后完成了家用电冰箱和房间空调器两个家用电器能效标准的修订，管型荧光灯镇流器、单端荧光灯、中小型三相异步电动机和空气压缩机四个产品能效标准的制定。此时，能效标准涉及的产品范围已由家用电器逐步扩展到部分照明电器和工业耗能设备。

1998 年，中国正式开始实施保证标识制度，即节能产品认证制度。为了配合中国节能产品认证工作的开展并为其提供技术依据，新完成的能效标准在技术内容方面除提高产品能效限定值指标要求之外，还同时增加了节能评价值指标。其中，能效限定值是强制性实施的，目的是淘汰市场中低效劣质的用能产品；节能评价值是推荐性指标，旨在作为企业的一个节能目标，目的是鼓励企业开发和生产高能效产品。此外，标准中还明确了各种产品的分类、能效（能耗）指标参数、能效指标的测试方法及产品的检验规则等。指标的确定及标准实施的成本效益采用了国际上比较先进的工程经济分析方法，为能效限定值指标和节能评价值指标的确定提供了科学合理的理论依据。新标准的实施对提高家电产品的能效水平起到了积极的促进作用，据 1999 年对电冰箱的调查显示，中国主要电冰箱产品的能耗量比 1997 年降低了 9%。

（3）全面提升阶段

随着 2001 年我国正式加入世界贸易组织（World Trade Organization，WTO），进出口贸易大幅增加，企业面临的竞争更为激烈。要想增强用能产品的国际竞争力，能效指标应首先与国际接轨。为了指导和推动节能工作的深入开展，原国家经济贸易委员会制定并发布了《能源节约与资源综合利用“十五”规划》，制定和完善主要用能产品能效标准成为国家有关节能主管部门重点工作之一。为此，中国标准化研究院（原中国标准研究中心）、全国能源基础与管理标准化技术委员会经有关国家主管部门的批准组织开展了对首批家用电器能效标准的全面修订工作。截至 2015 年 9 月，我国共发布和施行了相关能效标准 68 项，涵盖家用电器类能效标准、商用设备类能效标准和其他产品工业及设备类能效标准三大类标准。在标准实施的基础上，共有 28 类产品被能效标识制度所管辖。

进入全面提升阶段的能效标准工作除产品范围有大幅扩展外，技术内容方面也有所变化，部分标准在原有的能效限定值指标和节能评价值指标外，规定了有关能效等级和超前能效限定值等指标。超前标准要求的能效水平一般要比产品现有能效水平高 15%～25%，是一个制造商必须“踮起脚尖”才能实现的目标。超前标准通过为制造商设定一个需要努力才能达到的中期目标，促进了耗能产品或设备在能源利用效率方面的不断提高，从而产生能源节约和相应的社会经济效益。能效标准中增加这一新的指标是为了适应能效信息标识制度并满足开展能效标识工作的需要。2016 年 6 月 1 日，国家发展和改革委员会及国家质量监督检验检疫总局联合发布修订后的《能源效率标识管理办法》，规定能效标识应当包括以下基本内容：①生产者名称或者简称；②产品规格型号；③能效等级；④能效指标；⑤依据的能效强制性国家标准编号；⑥能效信息码。

6.3.2　国内能效标准与标识的实践经验

中国是全球最大的家用电器生产和消费国之一。家用电器拥有量的迅速增长带来了巨大的能源消耗，同时也加重了对环境的污染。世界各国都通过制定和实施能效标准、推广能效标识制度来提高用能产品的能源利用效率，促进节能技术进步，进而减少有害物的排放和保护环境。中国能效标准和标识大部分借鉴于外国，具有国外标准和标识的特点，同时又结合国内的具体情况，在他国的基础上进行改进、发展和提升，具有自己的特点。

作为我国能效标识制度建设的第一步，家用电冰箱和房间空调器能效标识制度已于 2005 年 3 月 1 日开始正式实施。根据第一批能效标识产品目录及相关要求，自 2005 年 3 月 1 日起，凡中国生产、销售、进口的家用空调和冰箱必须贴上“中国能效标识”标签，没有标识的产品一律不准上市销售。

实践证明，能效标识制度有助于促进产品能效的提高和节能技术的进步，推动用能产品市场向高效市场的转换，在规范用能产品市场、节能降耗、保护环境方面发挥着重要的作用。基于严峻的能源形势和显著的实施成效，能效标识制度的深入推广势在必行。

为贯彻落实《国务院关于加强节能工作的决定》，根据《能源效率标识管理办法》规定，国家发展和改革委员会、国家质量监督检验检疫总局和国家认证认可监督管理委员会制定并发布了《中华人民共和国实行能源效率标识的产品目录（第二批）》《电动洗衣机能源效率标识实施规则》和《单元式空气调节机能源效率标识实施规则》（2006 年第 65 号公告），自 2007 年 3 月 1 日起对电动洗衣机和单元式空气调节机这两个产品开始实施能效标识制度，家用洗衣机和小型中央空调不贴能效标识将不得进入市场销售。

根据最新公告，实行能效标识的第二批产品目录包括电动洗衣机（额定洗涤容量为 1.0～13kg 的家用电动洗衣机。不适用于没有脱水功能的单桶洗衣机和搅拌式洗衣机）和单元式空调机（名义制冷量大于 7100W、采用电机驱动压缩机的单元式空气调节机、风管送风式和屋顶式空调机组。不适用于多联式空调（热泵）机组和变频空调机）。在第二批产品目录出台之后，下一批的产品目录新成员还将有变频空调、燃气热水器、汽车和中小型三相异步电动机等产品。

6.3.3 我国能效标准与标识发展的特点

从我国能效标准和标识的发展历程来看，通过中外对比可以看出，我国能效标准的研究和实施，包括能效标识的推广已经落后于国外发达国家，我国应加快步伐，争取早日与国际能效标准和认证标识制度发展的主流接轨。制定能效标准是开展节能产品认证标识的基础，但我国目前真正能推动产品制造商进行产品能效升级的能效标准还相当少。我国应抓紧对用能产品能效标准的修订和制定工作，不断扩大产品范围，提高标准质量。制定能效标准时应充分考虑符合我国国情的性能指标和限定值，并具备一定的超前性，只有建立合理和完善的能效标准体系，能效认证标识制度才能全面开展起来。我国能效标准与标识发展的特点如下：

1）能效标准中所规定的能效限定值和节能评价值指标偏低，编制的能耗限额偏离最优点，不利于能源的合理高效利用。原因主要有：一是能源统计数据不够准确，导致计算结果出现偏差，造成制定的能效标准与能源状况不符，不利于能源优化调控；二是现行的能效计算方法不科学，主观性、随意性较强，没有充分考虑国际贸易、地方能源状况、环境质量和经济发展水平等差异。

2）能效标准的确定缺乏动态性、阶段性，不能及时更新，能效标准体系不全，能效标准修订周期较长。我国首批能效标准从完成到部分修订历时 7 年，部分标准仍未列入修订日程。

3）能效标准、标识覆盖产品范围较小。目前仅局限于部分家用电器、照明器具及部分工业设备，还没有形成一整套完整的标准体系。应在现有基础上，逐步开发、研究商业设备、办公设备和其余工业设备的能效标准。

4）能效标准确定缺少相关者参与。《中华人民共和国节约能源法》第十四条规定，国务院标准化行政主管部门制定有关节能的国家标准。对没有前款规定的国家标准的，国务院有关部门可以依法制定有关节能的行业标准，并报国务院标准化行政主管部门备案。该法还规定“省级以上人民政府管理节能工作的部门，应当会同同级有关部门，对生产过程中耗能较高的产品制定单位产品能耗限额”。

现阶段我国仍停留在政府组织制定标准，企业尚缺乏主动制定标准的积极性，更谈不上在制定标准上的资金投入。此外，由于能效标准的强制性及高要求，大部分企业往往在比较低的层次上被动参与标准研究，尽量争取压低指标，拖延标准发展，一定程度上成为标准制定和修订的阻力。

6.4 能效标准与标识的技术支持体系

6.4.1 能效标准的制定

国外制定能效标准通常运用两种方法：一种是统计分析法，另一种是工程经济法。统计分析法相对工程经济法比较简单，它是从市场中销售的产品着手，收集市场中能够反映不同能效等级产品市场分布特征的数据，用数理统计方法分析所要制定能效标准产品的实际能效情况。在此基础上，研究如果能效标准出台，会对生产制造商带来多大的影响，以及决定能效标准定在哪一水准比较合适。当确定了预期的产品节能水平和计划淘汰的高耗能产品比例后，相应的能效标准即可形成，欧盟、澳大利亚和我国基本上采用这种方法制定能效标准。

与统计方法相比，工程经济法具有一定的超前性，它充分考虑了新型节能产品的出现会给社会的各个层面带来哪些影响。用工程经济法制定能效标准，所考虑的范围比较广，它要确定提高能效后产品制造商所要付出的成本代价及对消费者造成的经济负担，还要分析其结果可能会对国家或地区的能源消费、能源供应部门和环境等带来的影响。其不足之处则是数据采集比较困难。

工程经济法中的工程分析主要包括以下几个步骤：①选择产品类型；②选择基本型号；③选择每种类型的节能改进措施；④计算每种改进措施的能效提高幅度；⑤综合改进措施和综合措施的能效提高幅度；⑥对每种节能改进措施进行成本估算；⑦绘制成本效益曲线。上述工作主要用来估算制造商采取能效提高措施所要付出的直接成本代价。

经济分析采用生命周期成本分析和投资回收期分析，以确定能效标准对产品消费的经济影响。如果一个产品的生命周期成本比另一个产品低，说明购买该产品的消费者可节约一部分资金。生命周期成本（life cycle cost，LLC）是购买价格（P）和产品有效使用寿命（N）内逐年使用运行费用的总和。投资回收期分析主要用来分析消费者需要多长时间才能收回购买时所付出的初始成本。如果投资回收期大于产品的有效使用寿命，说明购买节能产品所多付出的成本无法弥补。

生命周期成本分析公式：

$$\mathrm{LCC}=P+\sum_{t=1}^{n}\frac{C_t}{(1+r)^t}$$

投资回收期分析公式：

$$\Delta P+\sum_{t=1}^{R}\Delta C_t=0$$

式中，LCC 为全寿命周期成本；P 为购买价格；C_t 为第 t 年的运行使用费；N 为产品有效使用寿命；r 为社会贴现率；R 为回收附加购买成本所需时间。

经济分析中对社会整体节能效果的评估和对电力供应部门环境影响的评估，采用建立系统模型的分析方法。通过建立计算机模型，对拟定标准假设不同的能效情景，然后对标准实施后引起的社会整体节能、环境效果及对各相关群体带来的利益变化进行定量分析（图 6-4）。

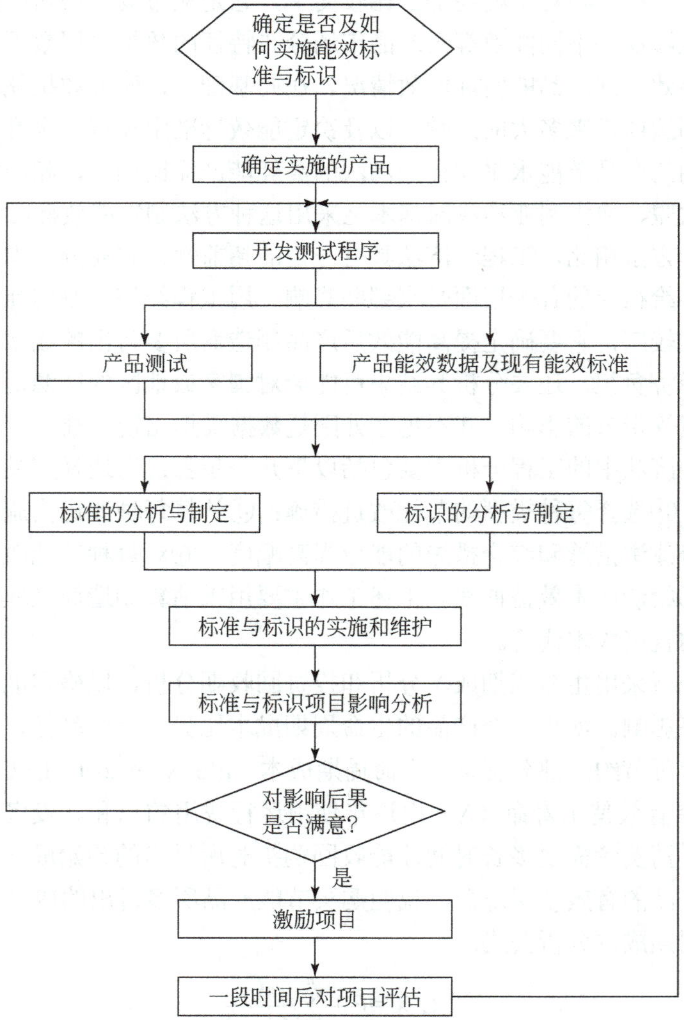

图 6-4 标准和标识的制定流程

6.4.2 能效标识的种类

截至 2015 年 9 月 18 日，我国共发布和施行相关能效标准 68 项，涵盖家用电器类能效标准、商用设备类能效标准和其他产品工业及设备类能效标准三大类标准。表 6-1 是 2014～2015 年发布的能效标准。

表 6-1 2014～2015 年发布的能效标准

标准号	标准名称	发布日期
GB 30531—2014	商用燃气灶具能效限定值及能效等级	2014/4/28
GB 21521—2014	复印机、打印机和传真机能效限定值及能效等级	2014/4/28
GB 21456—2014	家用电磁灶能效限定值及能效等级	2014/4/28
GB 30721—2014	水（地）源热泵机组能效限定值及能效等级	2014/6/9
GB 30720—2014	家用燃气灶具能效限定值及能效等级	2014/6/9
QB/T 4699—2014	电吹风能效等级及测试方法	2014/7/9
GB 30978—2014	饮水机能效限定值及能效等级	2014/7/24
GB 20665—2015	家用燃气快速热水器和燃气采暖热水炉能效限定值及能效等级	2015/5/15
GB 32049—2015	家用和类似用途交流换气扇能效限定值及能效等级	2015/9/18
GB 32031—2015	污水污物潜水电泵能效限定值及能效等级	2015/9/18
GB 32030—2015	井用潜水电泵能效限定值及能效等级	2015/9/18
GB 32029—2015	小型潜水电泵能效限定值及能效等级	2015/9/18
GB 12021.2—2015	家用电冰箱耗电量限定值及能效等级	2015/9/18

6.5 能效标准与标识的政策支持体系

6.5.1 相关法律法规

首先，本书对国外部分国家相关政策进行梳理。美国于 1978 年颁布国家节能政策法案；1980～2010 年已对家用电冰箱、室内空调、洗衣机等多种产品实施了强制性能源标识。欧盟从 1978 年开始考虑标识计划，但直到 1992 年才颁布统一的能效标识导则；1995 年欧盟对电冰箱和冷冻箱产品进行统一的能效标识活动；2009 年，欧盟发布了非定向性灯具及一体化镇流器生态指令（（EC）NO 245/2009），随后颁布针对非定向照明灯的紫外线辐射生态化设计要求，（EC）NO 859/2009 对其进行了修正。日本实施“领跑者”能效标准制度，对汽车和电器产品（包括家用电器、办公自动化设备等）分别制定了不低于市场上已有商品的最好能效标准，并与美国联合实施了办公设备的能效标识计划。澳大利亚于 1999 年实施全国统一的能效标识制度。新西兰经济发展部于 2009 年 6 月修订了 2002 年的能效（用能产品）法规等。

其次，就国内而言，为加强节能管理，推动节能技术进步，提高能效，国家发展和改革委员会、国家质量监督检验检疫总局于 2004 年 8 月 13 日联合发布《能源效率标识管理办法》（简称《办法》），并于 2005 年 3 月 1 日起施行。2005～2015 年，又陆续组织制定了《中华人民共和国实行能源效率标识的产品目录（第二批）》和《中华人民共和国实行能源效率标识的产品目录（第三批）》等标准。截至 2015 年 4 月，中国已制定了共 12 批实行能效标识的产品目录，以及种类齐全的用能产品能效标识实施细则，包括家用电冰箱、自动电饭锅、微型计算机和家（商）用燃气灶具等一批与生产、生活紧密联系的产品。

6.5.2 能效标识的监管机制及信息公开

由于每个国家和地区都有文化、经济或政治上的差异，各国对能效标识制度所实施的监督机制也有所不同。本研究围绕能效标识监督机制，主要介绍澳大利亚、欧盟、美国、加拿大和日本等的实施模式。

（1）澳大利亚：政府负责实施的监督验证

澳大利亚通过制定和实施能效标准与标识制度来达到提高能效和减排温室气体的目的，其中包括家用电器和照明产品的强制性能效标准、强制性信息标识和引自美国的自愿性标识“ENERGY STAR”。为了确保高质量的实施和提高可信度，澳大利亚政府实行了国家抽查和地方政府监管相结合的机制。国家抽查指从零售商店里购买样品，送到认可的独立实验室进行测试，以此验证能效标识信息的准确性。例如，2005 年空调设备调查项目，包括了 100 家空调零售商，涉及所有州和地区的省会城市，1554 个空调接受检查，产品标识的合格率为 80%，产品标识未贴或不正确的占 20%。

由于澳大利亚是联邦制国家，各州采取的监督办法也各有特色。例如，西澳大利亚州对没有在产品上贴上标识的零售商进行警告，并提起诉讼，起诉的罚款金额为 3000～8000 美元，零售商需向法院支付 450～1000 美元的诉讼费。维多利亚州在 2003 年引入产品不合格通告，所有受调查的零售商都被告知其所经销产品的能效水平，并就产品不合格发布通告。在测试方面，政府与行业在测试程序上取得共识，并且使用 NATA 资格认证的实验室，利用全国及国际实验室进行循环测试。在测试产品的抽样上达成共识，如可以根据统计方法抽样，还可以考虑竞争者投诉、消费者投诉因素的存在。

（2）欧盟：在地区政策框架下的自我声明

欧盟能效政策的主要目标是保证能源供应安全、减少对环境的负面影响、提高欧盟能源产业的竞争力。在能效方面，欧盟已颁布实施了 1 个家用电器强制性能效标识的框架性指令和 8 个实施性指令。

欧盟能效标识的运行机制是生产商（供应商）进行自我声明，生产商（供应商）有责任在能效标识上提供准确的信息。为了在欧洲市场上消除贸易壁垒，欧盟委员会和能效标识委员会共同制定了统一的规则。能效测试标准也是由欧盟测试标准的机构欧盟标准化委员会（Comité Européen de Normalisation，CEN）和欧盟电子技术标准化委员会（CENELEC）共同制定的。值得注意的是，每个欧盟成员国具体负责能效标准和标识的运行和监督工作。因此，虽然欧盟要求各成员国必须有实施办法，但具体采用何种办法由各成员国自己决定。由于各成员国的管理体制差异，各国监督的组织结构不尽相同，主要有三种类型，即地方当局（如英国）、州或自治区当局（如德国、西班牙）、中央政府（如法国）。

（3）美国：私营式认证

美国于 1975 年颁布了最早的能源政策和节能法（EPCA），为主要的家用电器建立了节能计划。强制性的能效标识由联邦贸易委员会于 1980 年开始组织实施。自愿性标识（即“能源之星”）由 USEPA 于 1992 年开始组织实施，由美国国家电力公司向购买节能产品的用户提供补贴。美国强制性的能效标准、标识和自愿性标识由不同部门组织实施。1993 年 4 月当时的总统克林顿签署总统令，规定所有联邦机构的政府采购必须是“能源之星”标识的产品，这不仅使“能源之星”标识制度获得极大成功，也使之成为许多国家的节能基准。

在美国，能效标准和标识的实施是一个混合体。行业支持第三方认证机制和竞争者之间的市场政策，即竞争者如果发现对手的产品没有达到要求，将进行报告。对强制性的市场准入制度，美国要求在销售一种新产品之前，生产厂商或供应商向能源部递交一份认证报告，该报告包括产品的能效数据和完整的符合性声明。除此之外，供应商还需要在每次停售某种型号的产品时提交一份报告，保存不少于两年的测试记录，在能源部要求时提供其记录。符合性声明必须保证以下几点：产品符合节能标准的要求；所有要求的测试均按照正确的测试程序进行；报告的信息是真实的、准确的和完整的；生产商对违法的处罚非常清楚。

（4）突尼斯和菲律宾：政府控制的认证

保证每一个产品的能效最复杂的方法是对所有即将在市场上销售的产品进行

随机抽样测试，测试机构由政府控制。菲律宾采用此方法已经有很多年，突尼斯的冰箱能效标识项目也采用了这种方法。在突尼斯，市场上销售的每一种型号的产品都由政府运行的实验室进行测试。实验室对每一种型号产品的单个样本进行测试。如果生产商接受测试结果，则将标注在能效标识上。能效标识由政府负责印刷并提供给生产商。如果生产商不接受测试结果，需要自己掏钱对同一种型号产品的其他样本进行进一步的测试，测试时允许其在场。为了减小市场上销售的产品和送去检测的样品之间存在的误差，突尼斯政府也会在市场上随机抽取一些产品进行验证测试。

（5）加拿大：针对能效限定值建立强制性的认证制度

加拿大自然资源部负责一系列能效制度的监督与实施程序。监督的主要要求包括最低能源性能标准、能效报告、能效标识、合格标识（由加拿大标准理事会认可的机构执行）、进口要求。加拿大在实施能效标识项目方面处于世界领先地位，成功的关键因素是形成了一套全国性的、系统化的、综合性的监控体制和全面有效的措施。

与前面提到的实施模式类似，加拿大的实施与监督体制主要包括以下内容：①监控与实施要求以法规为基准，使对经销商的调控与管理负担达到最低程度；②依靠省政府、其他联邦政府部门和认证机构等合作伙伴，通过第三方进行验证与监控；③产品独立测试，由经销商自我监测；④加拿大海关对进口产品进行边境核查，核实进口产品信息的电子报告（同数据库相连）；⑤开展市场调查，并对合格标记和能效标识进行现场检查等。实施和监督的活动包括生产商、经销商之间的自我监督，独立认证机构进行的第三方监督由政府权威机构，其中，独立认证机构包括加拿大自然资源部指定的机构、省级合作伙伴、加拿大海关和边境服务部门。监督措施包括进行市场调查；产品测试；对进口及能效报告进行电子监控来自经销商、制造商和顾客投诉与提示。

（6）日本：产品领先计划

与大多数国家所采取的强制性最低能源性能标准（MEPS）的做法不同，日本推出“产品领先计划”（Top Runner Program），以便进行产品之间的比较，并设定家用电器的能效目标标准值。该方法的基本思路是制造商将生产比当前市场上销售的能效最高的产品还要好的产品。该方法从 1998 年起开始用于设定目标标准值。

日本的能效标识体系大致可以分为以下三类：①针对产品制造商的节能标识制度；②针对产品销售商的统一节能标识制度和销售商评价制度；③针对办公设备的“能源之星”标识。能效标识制度是为了向消费者提供用能产品节能性相关信息，促进普及高效节能产品而实施的。政府根据 JIS 标准制定标识规则，产品制造商自主在产品目录中进行标示。

从 2000 年 8 月 21 日开始实施自愿性节能标识项目以来，至今已包含了空调、冷藏箱、冷冻箱、电饭锅、微波炉、荧光灯具、电视机、DVD 刻录机、计算机、磁盘装置、炉灶、燃气灶具、燃气热水器、燃油热水器、电子坐便器及变压器等 16 类产品。除了磁盘驱动器和计算机，其他 14 种产品需要在日本节能中心（ECCJ）网站上公布其节能产品信息。被指定的产品要求标识节能标签信息，节能标签上标明的信息包括节能标志（达到能效高标准的标志为绿色，未达到能效标准的标志为橙色）、实现 Top Runner 标准的目标年度、Top Runner 标准的达标率和每年的能耗等。

6.6 能效标准与标识对节能和碳减排工作的影响

6.6.1 对终端节能的促进作用

2005 年 6 月 6 日，国家发展和改革委员会、财政部和联合国开发计划署中国代表处在北京联合召开“中国终端能效项目（EUEEP）”启动会。项目的执行有助于中国在主要耗能行业推动节能和提高能源利用效率，支持中国建立一个可持续的、基于市场的提高能效的机制，构建综合有效的节能政策法规体系，加强中国在市场经济体制下推动节能的能力建设。该项目的启动和实施，有利于节能法规体系的完善及政策、标准的制订和执行，推动建设节约型社会目标的实现。

2009 年 1 月 25 日，中国标准化研究院中标认证中心在北京召开了中国终端能效项目——节能认证与标识项目的启动会。该项目是由全球环境基金会资助、国家发展和改革委员会与联合国开发计划署组织实施的国际援助项目。该项目是全球环境基金为推广普及高效节能产品、全面提高产品能效水平而专门在中国设立的，计划利用两年的时间，在工业、商业及民用等不同领域资助 10～15 项节能产品进行消除市场推广障碍工作，充分发挥节能产品认证/标识对市场的促进和导向作用，进一步扩大节能产品认证/标识范围，建立和完善透明、公正、科学的节能产品信息体系，确保消费者方便、快捷、放心地选购节能产品。

2015 年 10 月，国家标准化管理委员会发布公告，批准发布了家用电冰箱耗电量限定值及能效等级和计算机显示器、换气扇、投影机、潜水电泵能效限定值及能效等级等 7 项强制性能效国家标准，发挥了进一步引导节能技术创新，促进产业技术进步，提升行业国际市场竞争力的作用。新标准实施后，预计将淘汰市场上 20%以上的高耗能产品，市场中产品能效水平将提高 10%左右。2015 年之后 10 年，全国新增家用电冰箱累计节电量预计为 1180 亿 kW · h。2014 年，我国国内计算机显示器的销量约为 2600 万台，计算机显示器能效标准实施后，一年可节约电量约为 14 亿 kW · h。

6.6.2 节能减排效果分析

对消费者，不严格限制其对产品的选择；对生产企业，规范市场，促进企业之间的良性竞争和节能技术的开发，在全球市场中更具竞争力；对国家，减少能源供应基础设施的投资，提高国家经济实力，从根本上减少污染，保护环境。发展了约 30 年的能效标准和能效标识制度，尽管还不是很成熟，但对世界范围的节约能源、保护环境已起到了很大的促进作用。据统计，由于美国能效标准的实施，产品的价格每增加 1 美元，消费者在该产品寿命周期内节约的能源消费平均为 3.20 美元，美国的“能源之星”标识计划使得美国家庭使用的家用电器、加热与制冷设备均减少了能源使用量，每个家庭每年可节约的电费达数百美元。

在亚太地区的许多国家能效标准与标识的实施也取得了较大成绩，如我国的单元式空调机和冷水机组能效标准一旦实施，至 2020 年可累计节约电力 155.30TW · h①，减排 CO_2 为 2.46×10^8t、SO_2 为 1.42×10^5t、NO_x 为 5.16×10^5t 及飘尘和灰渣为 9.87×10^5t。

能效标准与能效标识已被证明是在降低能耗方面成本效益最佳的途径，同时将带来巨大的环境效益，为消费者提供积极的回报。近期的研究结果表明，制定和有效地实施新的能效标准和能源标识，提高产品的能效水平和消费者节能意识，在 2020 年将节电 277.5TW · h，约折合节能量 1.29 亿 tce。两者共同的节电量相当于 2020 年中国城乡居民生活预计总用电量的 56%，即通过制定和推广能效标准、实施能效标识，2006～2026 年城乡居民生活用电量的预期增长可以减少近 85%。

到 2020 年，能效标准与标识的实施总共将减少 1.10 亿多吨的碳排放量；氮氧化物的减排量将达 170 万多吨；硫氧化物的减排量将达 1833 万 t；大气颗粒物减排量将达 1035 万 t。这些大气污染物排放量的显著减少能够大大缓解温室效应、光化学烟雾和酸雨等环境问题，对改善环境质量、提高人民生活质量作用匪浅。根据劳伦斯伯克利国家实验室的数据与分析，与没有这些新的或修订后的最低能

① 1TW=10^9kW。

效标准的基准情景相比，中国在 2010～2013 年对 14 类产品的采用的 23 项新的或者修订后的最低能效标准累计能够减少 1517TW·h 电能消耗和 15 亿 t CO_2 排放。表 6-2 展示了 2010 年、2020 年、2030 年最低能效标准方案节能潜力和 CO_2 减排量。

表 6-2 最低能效标准方案节能潜力和 CO_2 减排量

项目	电能节能（TW·h）				CO_2 减排量（Mt）			
	2010 年	2020 年	2030 年	累计	2010 年	2020 年	2030 年	累计
定频空调	0.1	0.3	0.0	4.0	0.1	0.3	0.0	4.1
变频空调	0.0	3.2	6.3	64.4	0.0	3.2	6.0	63.8
电视机	0.0	14.0	18.1	235.8	0.0	14.2	17.4	235.0
前置式洗衣机	0.0	0.0	0.0	0.0	0.0	0.0	0.0	0.0
上置式洗衣机	0.0	0.0	0.0	0.0	0.3	0.0	0.0	0.3
节能灯	0.0	0.0	0.0	0.0	0.0	0.0	0.0	0.0
线性荧光灯	0.0	0.0	0.0	0.0	0.0	0.0	0.0	0.0
小型汽车	0.0	16.5	31.6	333.4	0.0	16.7	30.3	330.9
中型汽车	0.0	8.8	19.9	192.5	0.0	9.0	19.1	190.7
大型汽车	0.0	0.0	0.0	0.0	0.0	0.0	0.0	0.0
外部电源	0.0	10.5	15.8	186.3	0.0	10.7	15.1	185.6
微波炉	0.1	0.7	1.0	13.0	0.1	0.7	1.0	13.0
复印、打印和传真机	0.0	8.0	14.5	155.3	0.0	8.2	13.9	154.0
台式电脑	0.0	5.8	6.4	98.2	0.0	5.9	6.2	98.5
手提电脑	0.0	1.5	2.1	27.5	0.0	1.6	2.0	27.5
厨房油烟机	0.0	3.6	9.0	80.5	0.0	1.6	2.0	27.5
热水器	0.0	0.4	2.0	12.0	0.0	0.4	1.9	11.8
机顶盒	0.6	4.7	7.6	95.0	0.6	4.7	7.3	95.2
变压器	0.6	1.0	0.8	18.9	0.6	1.1	0.7	19.1
总计	1.4	79	135.1	1516.8	1.7	76.3	122.9	1457

注：根据分析，在基准情景和实施最低能效标准方案情景中前置式洗衣机、线性荧光灯、小型汽车、大型汽车的能效相同，不具备节能潜力

6.7 能效标准与标识发展面临的主要问题及其政策建议

我国能源标准与标识发展已有 30 年的时间，收益显著，为我国节能工作做出了巨大的贡献。但与国外的经验相比，仍存在一些急需解决的问题，主要表现为

以下几个方面：

1）能效标准覆盖的产品范围小、制定周期长。目前我国颁布和实施的能效标准仅限于部分家用电器、照明器具及工业设备，还没有形成完整的能效标准体系。能效标准从开始到完成经历时间长，一些能效标准到现在还没有被列入修订日程，严重影响了能效标准效应的发挥。并且缺乏相应的法律法规，能效标准的强制执行力低下。迄今为止，国家还没有出台与强制性标准相应的法律法规、强制的高耗能产品淘汰制度及相应的监督措施，致使违反标准要求的用能产品继续在市场上流通和交易。

2）能效标准和标识的管理体制有待改善。能效标准涉及许多部门，国家必须统一规划、统一管理。而目前我国能效标准的制定和实施，难以调动和发挥社会各界的力量参与和支持能效标准化工作，致使有限的资源得不到合理配置。

3）能效标准化意识普遍淡薄。由于标准的宣传力度比较小，缺乏广泛的社会宣传、教育及对制造商、销售人员和消费者的基本培训，公众对能效标准缺乏足够的认识和理解，市场接受程度不理想，尤其是中小企业更为突出。

4）缺乏相关的鼓励政策。节能产品的科技含量高，企业开发和生产节能产品需要更高的投入，因此，节能产品的销售价格与普通产品相比会有所提高，但目前适用的优惠政策、财政补贴措施尚未出台，企业生产的积极性还未充分地调动起来，市场推动力度比较小。

在能源问题日益严重的今天，做好标准和标识工作显得尤为重要。对现有的标准和标识加以完善和改进是主要的方向，改进的方向是使我国能效标准、标识管理制度逐步适应社会主义市场经济和可持续发展的要求，逐步与国际接轨，作为节能政府管理制度的重要组成部分，充分发挥制度效应，实现可持续发展。根据改进方向，针对现行管理制度存在的问题，当前应着力解决以下问题。

6.7.1 编制节能标准体系

制定节能标准体系是进行节能标准化规划、修订标准计划和标准化科研计划的重要科学依据，是了解、掌握相关专业和领域及国际先进标准整体状况的主要途径，是促进节能标准化工作按计划、分步骤、有条不紊和协调发展的重要保证。

6.7.2 制度实施改进对策

1）完善标准实施途径。

2）实施以源头控制为主的全过程管理。

3）建立适应市场经济要求的节能配额交易制度。

4）建立政策评估系统。

5）建立和健全节能执法机制，加大节能管理执行力度。

6）健全和完善节能监督体系，接受社会监督。

参考文献

白泉，吕正. 2016. 日本能效领跑者制度的经验与启示（上）. 国际前沿，（1）：145-151.

国家发展和改革委员会，国家质量监督检验检疫总局. 2016.《能源效率标识管理办法》：2016年第35号令. http：//www. sdpc. gov. cn/zcfb/zcfbl/201603/t20160308_792230. html.［2016-07-17］.

李爱仙. 2001. 中国的能效标准与标识现状及展望. 家用电器科技，（7）：21-24.

李爱仙. 2007. 中国能效标准的发展及趋势. 世界标准信息，（Z1）：15-19.

林翎. 2005. 我国能效标准存在的问题及对策研究. 世界标准化与质量管理，（6）：42-45.

卢苇. 2005. 能源效率标准和标识. 能源研究与信息，（1）：21-31.

吕文斌，李爱仙. 2001. 国际能效标准和认证标识工作综述（下）. 电力需求侧管理，（2）：57-60.

苏菲. 2014. 能效标识制度中国实施十年. 制冷与空调：北京，14（11）：35-36.

吴孜祺. 2007. 韩国的能效标准和标识. 日用电器，（7）：9.

尹小兰. 2015. 美国以提高能效作为"第一能源"的实践及启示. 宏观经济管理，（4）：90-92.

章伟富，骆丹煦，付国印. 2008. 能效标准与标识（上）. 家电科技，（Z1）：19-21.

第 7 章　节能产品认证

7.1　节能产品认证的概念

7.1.1　概念

1. 基本概念

《中国节能产品认证管理办法》中指出，节能产品认证是依据相关的标准和技术要求经中国节能产品应用中心确认并通过颁布节能产品认证证书和节能标志证明某一产品为节能产品的活动。

节能产品认证采用自愿原则，我国的节能产品认证工作接受国家质量技术监督局的监督和指导，认证的具体工作由中国质量认证中心负责组织实施。中国质量认证中心是由国家质量监督检验检疫总局和国家认证认可监督管理委员会批准设立，隶属于中国检验认证集团的专业认证机构。

2. 意义和作用

（1）保障国家能源安全、实现国家节能目标、推进节约型社会建设的重要举措

我国能源资源情况是需求量大，人均占有量少，能源回收和综合利用效率低，目前能源问题已经成为制约经济和社会发展的重要因素，加强节能产品认证工作，推广普及节能产品，从源头提高终端产品的能源利用效率，淘汰高耗能产品和设备，优化资源配置，降低能源消耗，减少对环境的污染，保障国家能源安全，引导各产业的良性发展和能源资源的综合合理利用，是经济社会可持续发展的重要保障。例如，美国 2003 年“能源之星”节能认证产品节约的电力相当于 2000 万家庭用电，有效地缓解了美国能源紧缺矛盾，保障了美国的能源安全，促进了社会的可持续发展。

（2）建立健全节能产品推广应用政策体系的重要政策基础

发达国家实践表明，节能产品认证体系是经济发展和社会运行的重要“技术基础设施”，是市场经济的“高速公路”，是节能产品政府采购、财政税收优惠、宣传培训及科研开发等市场转换政策的重要物质基础，是推广普及节能产品标准、促进节能产业化进程的重要环节。因此，加强节能产品认证工作，对建立健全我国节能产品推广应用政策体系、促进社会经济协调健康发展具有非常重要的意义和作用。

（3）打破国外技术性贸易壁垒、构建我国技术性贸易措施的根本途径

在经济全球化发展过程中，关税壁垒作用日趋削弱，认证认可技术性贸易壁垒在内的非关税壁垒日益凸显。近几年，一些发达国家为了保护本国利益，设置了不少自己容易达到而发展中国家目前还难以达到的节能环保型技术标准和认证要求，不仅要求末端产品符合节能环保要求，而且规定从产品的研制、开发、生产到包装、运输、使用和循环利用等各环节都符合节能环保要求。中国作为发展中国家，在国际贸易分工中处于相对较低端地位，出口原材料和初级产品比例仍较多，出口产品的附加值相对较低，能源消耗密集型产品出口占重要地位，相对于发达国家能源利用效率水平较低，在产品生产过程的技术水平相对贸易体系中处于相对不利的地位。面对日益严峻的节能认证技术性贸易壁垒，我们应高度重视，积极应对，尤其要加强节能产品认证工作，打破国际贸易壁垒，逐步使我国产品符合节能国际标准和认证认可要求，提升我国产品的国际竞争力。

（4）保护消费者权益、建立认证全社会监管体系的重要环节

加强节能产品认证工作，向全社会披露认证产品的质量和性能及认证企业名单等重要信息，能有效地规范节能产品市场、淘汰假冒伪劣产品、监督认证企业，促使企业向社会提供最安全、最舒适、最人性化、能够提升消费者生活质量的产品和技术，引导企业的良性竞争，增强企业社会责任意识；有助于消费者选择权和知情权等合法权益的实现，指导消费者科学消费；对建立健全节能型产品、技术或企业认证社会监管体系，增强认证的透明度，促进认证的持续健康发展具有举足轻重的意义和作用。

（5）转变政府职能、促进市场中介组织健康发展的重要工具

节能产品认证是从政府对企业的直接管理向政府、中介组织和企业三个层次的转变，节能产品认证机构是“中介组织”的具体体现，是连接政府和企业的桥梁和纽带，节能产品认证在“小政府、大社会”的公共管理格局中发挥着巨大作用，有效地解决了政府“运动员”和“裁判员”双重尴尬角色的问题，推动了政府职能朝着“引导、规范、监督、服务”的方向转变，增强了政府宏观调控能力，

活跃了节能产品市场，促进了产品技术进步，增强了节能产品市场竞争力，完善了社会主义市场经济体制。

7.1.2 节能产品认证的基本条件

按照《中国节能产品认证管理办法》的有关规定，生产企业及其产品获得节能产品认证必须具备下列条件：

1）中华人民共和国境内企业应持工商行政主管部门颁发的《企业法人营业执照》，境外企业应持有关机构的登记注册证明。

2）生产企业的质量体系符合国家质量监理和质量保证标准及补充要求，或外国申请人所在国等同采用 ISO 9000 系列标准及补充要求。

3）产品属国家颁布的可开展节能产品认证的产品目录范围。

4）产品符合国家颁布的节能产品认证用标准或技术要求。

5）产品应注册，质量稳定，能正常批量生产，有足够的供货能力，具备售前、售后的优良服务和备品备件的保证供应，并能提供相应的证明材料。

6）产品节能性能符合中国节能产品认证中心确认的能效标准或制定的技术要求的规定。

7.1.3 节能产品认证的程序

中国节能产品认证采用国际上通用的“工厂质量保证能力+产品实物质量检验+获证后监督和抽样检验”的认证模式。按照《中华人民共和国节约能源法》和《中国节能产品认证管理办法》的有关规定，认证中心对与认证相关过程作出了相应的管理规定，包括 9 个公开文件，22 个程序，以及配套的部门管理文件。其中，认证受理程序、标准确认程序、审核程序、检验程序、认证评定工作程序、认证监督及复评工作程序、认证证书和标志管理程序与认证项目开发工作程序等都是认证实施过程中的基本程序，指导认证过程的规范化操作。以中国质量认证中心的认证程序为例，符合申请条件的企业进行认证流程主要包括认证要求的制定、产品认证申请、产品形式检验、工厂质量保证能力检查、认证结果评定及批准认证证书、产品认证标志的购买及使用、获证后的监督和监督检验、复评和认证变更等 9 个流程。

7.2　国外节能产品认证的发展概况

7.2.1　国外节能产品认证的发展及现状

20 世纪 80 年代全球爆发的能源危机和环境恶化，促使欧美日等发达国家相继启动了节能产品认证工作。特别是进入 20 世纪 90 年代后，发达国家基于对国家能源安全、社会公平竞争和国际贸易壁垒等问题的考虑，加大了节能产品认证力度。据统计，截至 2015 年，全球已有欧盟、美国、加拿大、澳大利亚、巴西、日本、韩国、菲律宾和泰国等 100 多个国家或地区实施了节能认证制度，取得了显著的节能、环保和经济效益。节能认证制度有效拉动了高效产品市场需求。

下面对各国具体的节能认证措施进行分析：

其一，欧盟各成员国采取白色认证体系。白色认证体系强化了对企业的约束，要求企业向最终用户提供最节能的方案，由认证机构对所节约的能源数量和时间给出认证。例如，欧盟各成员国为了提高建筑能效，在成员国之间及其成员国内部形成了一系列的以满足具体能源使用和能效目标的协议。协议由政府鼓励支持，由协议参加者在“自身利益”的基础上实施。欧盟还在建筑节能认证领域推行 GEA 标识和 EU 能源标识制度。欧盟各国的白色认证体系主要包括节能目标、责任主体、分配原则、合格项目、测量核算方法、成本回收、交易和处罚等方面。

其二，美国采取“能源之星”节能认证制度。美国 1992 年开始实施自愿性节能认证（“能源之星”）。美国的采购法和几个总统令都规定政府必须采购“能源之星”认证产品。“能源之星”认证活动间接地成为政府强制性行为，是国外产品进入美国市场的技术壁垒。通过为各种各样的节能产品制定能效标准，为每个家庭每年节约了大约 200 美元，并且由此所带来的社会效益是这些花费的 1000 多倍。“能源之星”涉及的建材产品主要包括绝热材料、屋面和墙体材料、门窗及节水设备等。截至 2014 年初，美国已有 140 万个家庭的 70 多种不同用品、20 000 余座商用建筑及工业企业达到 USEPA 严格设定的节能分类标准。20 年来，在“能源之星”的支持下，美国家庭及商户总计节省了 2390 多亿美元的公用事业费用，减少了 19 亿 t 的温室气体排放。

其三，日本的节能认证也非常值得借鉴。日本能源政策的基本方针是实现“E”，即能源供给的稳定、保护环境和经济增长。日本于 1979 年 6 月通过的《节约能源法》（ECL），其中规定了能效标准适用于进口商和国内制造商，产品的强制性标志必须标明产品的产品名称、型号、能效和能耗。日本的《节约能源法》从 1979～2008 年历经六次修订，对能效标准和标识的管理不断完善。日本的《节约能源法》也授权经济贸易产业省（METI）针对违规制造商采用公告和命令作为处罚措施。

其四，德国的节能认证也有非常完善的体系。德国节能认证体系及技术在欧洲以至全世界都处于领先地位，其节能认证的政策体系和技术措施对中国发展节能建筑有一定借鉴作用。德国节能认证技术的研究与应用，不仅出于经济利益上的考虑，也是为了从根本上减少二氧化碳等气体排放，减少全球范围内的温室效应。

其五，亚洲一些国家在节能认证领域也都有各自的经验。在亚洲地区，随着亚洲经济的发展，越来越多的国家已经意识到了提高能源利用效率的重要性，积极致力于节能认证工作。许多国家的制造商也积极提倡采用节能认证标准和能效标识，因为这将使其能更有效地在国际和国内市场上竞争。例如，韩国政府鼓励向购买节能认证产品的消费者提供低息长期贷款。韩国电力公司也对购买节能认证产品的消费者有一定的优惠。国外这些节能认证活动的实施，有效地缓解了世界能源供应的紧张局面，极大地改善了人类生存环境，同时也促进了节能产品的开发与应用。

7.2.2 节能产品认证发展的国际经验

世界各国实践经验已经证明，节能产品认证是提高节能产品能效水平、降低能耗、保护环境的有效政策手段和措施之一，节能认证制度以其投入少、见效快和对消费者影响大等优点，已在世界范围内得到普及。

从国外节能认证的经验可以发现，节能认证制度不仅使消费者的能源费用支出在减少，而且还促使生产者积极开发、生产通过认证的更高效产品。节能认证制度的有效实施，极大促进了世界各国节能目标的实现，也对帮助消费者科学选购节能产品、促进节能技术进步、规范节能产品市场、减少能源开发投资，以及改善环境等方面具有良好的作用，值得我国借鉴。

从国外节能产品认证具体模式分析可看出，首先，美国、欧盟和日本等国节能主管部门高度重视节能产品认证在推动技术进步、实现节能减排方面的重要作用，并建立了完善的法律基础和工作程序。其次，节能产品认证的关键在于有效的实施。尽管各国节能产品认证的实施模式不同，但各国都重视节能产品认证的实施和监督，建立从研究到实施的完整链条，以有效推动节能产品认证发挥作用。这些经验都给我国建立和实施节能产品认证制度带来启发。

7.2.3 国外节能产品认证发展的特点

从国外节能产品认证工作看，主要呈现以下特点：

（1）节能产品认证是政府促进节能产品市场转换的一项重要行政职能

国外大多数国家节能产品认证机构都为行政部门，机构的日常运作经费全部来自政府财政拨款。例如，澳大利亚节能认证实施机构设置于澳大利亚温室气体办公室；美国“能源之星”设置于 USEPA。

（2）由单一的机构统一规划、管理和实施节能产品认证工作

节能产品认证是政府为规范节能产品市场、促进节能技术进步、培养健康科学合理消费的重要措施，具有公益性和不可竞争性的特点，为确保节能产品认证工作科学规范健康可持续发展，在全球开展节能产品认证的 27 个国家或地区都是由单一的某一个特定机构来负责策划、组织管理和实施节能产品认证工作。

（3）利用政府采购的政策导向作用，将自愿性节能产品认证工作变相地变为强制性认证

政府节能采购是各国政府推广普及节能认证产品的强有力措施之一。例如，1999 年美国克林顿总统发布的“加强节能管理，创建绿色政府”总统令、2001 年修订的《政府采购法》都明确规定，联邦政府采购的耗能产品必须是“能源之星”认证或联邦能源管理办公室指定的节能产品，凡涉及用能产品的服务采购，包括公共建筑的设计、建造、改建或维修，供应商必须提供能源之星认证的节能产品；再如澳大利亚规定联邦政府采购的办公设备必须是节能认证的产品。

（4）利用现金补贴、低息或无息贷款等手段刺激普通消费者购买节能认证的产品

1992 年美国发布的《国家节能政策法令》中明确规定，各水、电、气公用事业单位必须以资金、实物或服务等形式开展现金补贴等经济激励项目，鼓励能源之星认证产品的推广和应用。在此基础上，美国联邦和各州政府及公用事业单位分别开展了针对能源之星认证产品现金补贴项目。2005 年修订的《能源政策法令》进一步明确规定，联邦及各州政府应开展节能电器产品现金补贴项目，要求联邦财政在 2006～2010 年，每年现金补贴项目财政拨款为 5000 万，同时还对各州现金补贴项目中的最低和最高财政拨款范围进行了具体规定，并特别规定家用电器补贴项目中的产品必须是经过美国“能源之星”认证的产品。据不完全统计，2006 年美国 52 个州级政府或公用事业单位开展了节能产品现金补贴项目。

（5）合理利用节能认证依据设置国际贸易型壁垒

资源紧缺、环境问题和贸易的全球化进程导致了节能认证的国际化，由于认

证与贸易的相互制约、相互依存的关系，在大多数国际公约中允许采用适当的贸易措施促进环境保护和资源节约，如许多多边贸易协定中都规定了允许采用适当的贸易措施以保护人类健康和动植物安全，这也是 WTO 规则所允许的。与此同时，众多的国家和地区纷纷制定了形形色色的关税制度、技术标准、认证认可、产品包装、财政补贴和卫生检疫等一系列节能与环境法规、标准、认证认可程序。目前，中国出口市场主要集中在节能、环境技术性措施比较严苛的欧美日等发达国家和地区，这些国家和地区在产品的节能、安全、环保和卫生等方面标准较高，中国企业产品在短期内很难达到要求，这将阻碍中国产品出口市场的扩大。

7.3 国内节能产品认证的发展概况

7.3.1 国内节能产品认证的发展及现状

节能产品认证是《中华人民共和国节约能源法》赋予用能单位和个人的一项节能责任和义务，建立并实施节能产品认证制度，是适应社会主义市场经济发展、推动企业的节能降耗技术进步、全面提高产品质量、规范节能产品市场、增强企业在国内外市场竞争力的有效手段。

我国的节能产品认证工作起步较晚，自 20 世纪 90 年代初，我国地方各级政府相继开展了节能产品认证工作，但当时缺乏统一规划和管理。为促进我国节能产品认证工作的规范发展，根据《中华人民共和国节约能源法》，1998 年国家经济贸易委员会组织建立了我国节能产品认证制度，成立了中国节能产品认证管理委员会和中国节能产品认证中心（后改为“中标认证中心”），并于 1999 年 2 月颁布《中国节能产品认证管理办法》和节能产品认证标志，正式启动了我国的节能产品认证工作，这标志着我国节能产品认证制度的正式建立和实施。

1994 年至 2015 年末，经国家认证认可监督管理委员会批准的主要节能产品认证机构发放节能产品认证证书约 5.6 万张，获得节能产品认证企业超过 2500 家。认证的产品涉及家用电冰箱、房间空调器、荧光灯镇流器、高压钠灯镇流器、交流电力阻波器、容积式空气压缩机、微波炉、电热水器、电饭煲、中小型三相异步电动机和电力金具等。

中国节能产品认证方面还积极开展国际合作，进行国际之间节能产品认证标志的协调互认。这一做法将有利于打破国际贸易技术壁垒、帮助中国产品更好地进入国际市场。目前，中国节能认证已和美国“能源之星”及澳大利亚温室气体办公室签署了协调互认的实施计划。

节能产品认证作为促进节能产业发展的有效途径，被政府部门和社会各方广泛采信。国家在节能产品政府采购、“节能惠民工程”“金太阳工程”等方面强制或优先采购获证产品，先后发布 18 批《节能产品政府采购目录》，50 多类节能产品和数千家获证企业入围，产生了显著的节能减排效益。

7.3.2 国内节能产品认证的实践经验

节能产品认证是我国于 1998 年启动的一项自愿性产品认证。近 20 年国内节能产品认证的发展和进步主要可以概括为以下 3 个方面，这些实践经验可供今后进一步完善节能产品认证制度借鉴。

1. 节能立法保障节能认证工作的开展

1998 年 1 月 1 日《中华人民共和国节约能源法》正式颁布，为节能认证工作的开展营造了良好的法律环境。《中华人民共和国节约能源法》中明确提出节能产品认证制度，并对节能认证的申请、认证标志的使用及相关处罚做出了明确的规定。

2. 技术标准完善推动节能认证工作的开展

国家与行业标准是开展节能产品认证工作的主要技术依据，为配合节能产品认证工作，国家陆续发布了房间空气调节器等 9 项国家能效标准。对国家尚未出台标准但亟须开展节能产品认证的产品，以出台认证技术规范的方式满足认证需求。

3. 国内外交流与合作促进节能认证工作的开展

节能产品认证工作开展以来，一直注重加强国内、国际之间的交流和合作，借鉴和学习国内其他部门与发达国家节能产品认证的经验教训，与 UNDP、IEA 和 EF 等国际机构及组织都建立了良好的合作关系，提高了我国节能产品认证的国际知名度，同时带动国内节能产品的认证工作。

7.3.3 我国节能产品认证发展的特点

经过最近几年的努力，我国节能产品认证工作得到了较大的发展，节能产品认证制度也正在不断完善之中。节能产品认证制度的实施，有效地推动了高效节能产品的市场转化，取得了较为显著的成效。总的来说，我国节能产品认证的发展有以下几个特点。

1. 节能产品认证较好地促进了节能技术进步

节能产品认证是产品节能技术进步的源泉和动力。以家用电冰箱为例，在1999年3月实施节能产品认证以前，中国的家用电冰箱只有为数不多的几个型号能达到欧盟能效标识的A级（世界最优秀的家电产品能效水平），而到2001年底，达到欧盟A级能耗水平的节能认证产品占获证产品总数的25.58%。实施节能产品认证后，很多生产企业以节能评价指标为新产品的设计开发基准，普遍提高了我国家电产品的能效水平。节能产品认证不仅有效地提高了产品的能效水平、促进了企业的技术进步，更重要的是，其能有效地节约能源、降低用户的能源费用开支、保护环境。

2. 节能产品认证标志逐步成为消费者购买产品的决策依据

为了科学地制定节能认证产品市场营销战略、提高全社会的节能意识、普及推广节能认证产品，2002年1月CECP组织人员对北京市的消费者进行了随机抽样调查，在有效的215份调查样本中，18.7%的受访者表示，见过节能产品认证标志。在见过节能产品认证标志的人群中，52.5%的受访者表示，节能产品认证标志将会影响今后的购买决策。由此可见，加强节能产品认证标志的宣传推广工作，可以有效地引导消费者进行科学决策，促进高效节能产品的推广和普及。

3. 节能产品认证已逐渐被生产企业认可

认证企业产量占行业比例是衡量节能产品认证制度是否发挥市场导向作用及企业对节能认证制度认可程度的一个非常重要的指标。随着近几年节能产品认证机制的不断改进和完善，节能产品认证已逐步地被越来越多的生产企业认可。

4. 我国节能环保产品的认证呈现透明化趋势

我国实施节能产品政府采购制度，尤其是2007年节能产品强制采购制度建立以来，广大供应商积极响应，相关企业进入“节能产品政府采购清单”（以下简称“节能清单”）的热情持续高涨——从入围“节能清单”的企业和产品型号数量来看，第1期“节能清单”共有86家企业的1526个型号/系列的产品入围，到第9期“节能清单”公布时，这一数量已增至近600家企业的3万个产品型号/系列的产品。

自节能产品采购制度建立以来，公开、公平、公正、诚实信用是政府采购制度一贯秉承的原则，这几项原则落实在执行层面上的表现则是程序透明化。2007年，按照《节能减排综合性工作方案》的要求，财政部、国家发展和改革委员会共同起草并由国务院办公厅下发了《建立政府强制采购节能产品制度的通知》，提出节能产品政府采购制度的完善，要从技术标准建立、评价方式选择、实施机构筛选、产品目录确定、实施过程监督、清单产品抽查、调整更新机制公开透明 7 个方面开展。自此，“节能清单”认证程序和调整机制的公开透明已经成为完善节能产品政府采购制度的重要方面。

在节能产品认证实践中，我国政府采购节能产品制度建立后，进入节能清单成为摆在意图进入政府采购领域的企业面前的一个关键节点。为了让广大企业更为清晰地了解申报产品进入“节能清单”的程序及其他相关内容，2011 年初，财政部、国家发展和改革委员会及中国质量认证中心先后在其官方网站上公布了《申报进入“节能产品政府采购清单”办事指南》（简称《办事指南》），对申报进入“节能清单”的认证、公示、公布及更正等程序和其他相关事项进行了详尽的说明，以操作指导的方式向有意进入“节能清单”的企业进行了规程普及。

《办事指南》规定，“节能清单”由财政部、国家发展和改革委员会负责制订。列入“节能清单”的产品，由财政部、国家发展和改革委员会从国家采信的节能产品认证机构，即中国质量认证中心认证的节能产品中，根据节能性能、技术水平和市场成熟度等因素择优确定，并在财政部、国家发展和改革委员会指定的媒体上定期向社会公布。

5. 加强节能产品认证方面的国际合作

近些年，中国在节能产品认证方面积极开展国际合作，进行国际之间节能产品认证标志的协调互认。这种做法可以有效地打破国际贸易技术壁垒、帮助中国产品更好地进入国际市场。目前，中国节能认证已和美国“能源之星”及澳大利亚温室气体办公室签署了协调互认的实施计划。

7.4 节能产品认证的技术支持体系

7.4.1 用能产品的能效标准化

能源效率标准（简称能效标准）主要是在不降低产品的其他特性（如性能、质量、安全和整体价格）的前提下，对用能产品的能源性能做出具体的要求，以最大限度地提高用能产品的能源利用效率。能效标准属于节能标准化的范畴，针对用能产品制定能效标准已成为各国节能降耗的主要手段之一，与之配套的能效标识制度能简洁明了地反映了用能产品的能效水平。截至 2011 年，已有近 50 个国家和地区实施了能效标准制度。通过能效标准化，逐渐淘汰成本效益差和高耗能的产品，同时鼓励发展成本效益好和能效高的产品，达到节约能源、保护环境的目的。

第一批 9 项家用电器能效标准，涉及家用电冰箱和房间空气调节器等，于 1989 年 12 月 25 日发布，1990 年 12 月 1 日起正式强制实施。近 10 年来，我国参考欧美发达国家的成功经验，建立起“资源节约与综合利用标准体系”，其中，用能产品能效标准体系是其中的重要组成部分。

截至 2012 年底，我国现行有效的能效标准共计 44 项，涉及家用电器、照明器具、商用设备、工业设备、办公设备五大类产品。其中，30 种主要用能产品年耗电总量约为 1.1 万亿 kW·h，占全国总耗能量的 15%左右（按 2006 年全国总耗能量为 24.6 亿 tce 估算）。针对相关产品制定和实施能效标准，具有巨大的节能潜力。根据美国能源部劳伦斯伯克利国家实验室和中国标准化研究院的合作研究成果，与 2009 年相比，到 2030 年能效标准的制定和实施有望带来 8375kW·h 的累计节电量，折合 2.8 亿 tce，约为 2008 年全国能源消耗总量的 10%。研究还表明，随着能效标准范围的不断扩展，其节能减排效果将更加凸显。

目前我国能效标准均以强制性标准的方式予以执行，主要内容包括能效限定值、节能评价值、能效等级和超前能效指标 4 项指标。能效限定值是产品在能效方面的市场准入标准；节能评价值是对产品是否达到节能产品认证要求的评价指标；能效等级是表示用能产品能效水平高低的等级指标，目前有两种等级（1～3 级和 1～5 级），其中，1 级表示产品能效水平最高，3 级或 5 级表示产品达到能效限定值，是市场准入的门槛，低于该值的产品将不能在市场上销售；超前能效指标是规定标准实施 3 年后或 5 年后实施的能效限定值（超前指标）及分等分级指标，目前主要针对房间空气调节器，为企业提供充分周期，有利于改进产品技术，提高产品节能水平。

2000 年，在国家节能主管部门的领导下，中国标准化研究院开始着手对能效标识制度的可行性和实施方案开展研究工作。2004 年 8 月 13 日颁布了《能源效率标识管理办法》，根据该办法，我国实行统一的能效标识制度，国家制定并公布《中华人民共和国实行能源效率标识的产品目录》，确定统一适用的产品能效标准、实施规则、能效标识样式和规格。根据我国的具体国情，以发布产品目录的形式在各类节能产品中逐步实施。家用电冰箱和房间空气调节器自 2005 年 3 月 1 日开始正式实施该制度，截至 2010 年 5 月底，已发布 6 批产品目录，覆盖 21 类产品。2016 年 2 月 19 日，新《能源效率标识管理办法》由国家发改委、国家质检总局进行修订发布，自 2016 年 6 月 1 日起施行。

7.4.2 产品的节能价值评价

1. 提出产品节能价值评价的背景

能源是制约我国经济社会可持续、健康发展的重要因素。解决能源问题的根本出路是坚持“开发与节约并举、节约放在首位”的方针，大力推进节能降耗，提高能源利用效率。固定资产投资项目在社会建设和经济发展过程中占据重要地位，对能源资源消耗也占较高比例。固定资产投资项目节能评估和审查工作作为一项节能管理制度，对深入贯彻落实节约资源基本国策，严把能耗增长源头关，全面推进资源节约型、环境友好型社会建设具有重要的现实意义。

2. 相关法律法规政策层面的要求

1）《中华人民共和国节约能源法》明确规定，国家实行固定资产投资项目节能评估和审查制度。不符合强制性节能标准的项目，依法负责项目审批或者核准的机关不得批准或者核准建设；建设单位不得开工建设；已经建成的，不得投入生产、使用。

2）《国务院关于加强节能工作的决定》中明确要求有关部门和地方人民政府对固定资产投资项目（含新建、改建、扩建项目）进行节能评估和审查。

3）《国家发展改革委关于加强固定资产投资项目节能评估和审查工作的通知》（发改投资〔2006〕2787 号）明确节能分析篇（章）应包括项目应遵循的合理用能标准及节能设计规范、建设项目能源消耗种类和数量分析、项目所在地能源供应状况分析、能耗指标及节能措施和节能效果分析等内容。

4）《国务院关于印发节能减排综合性工作方案的通知》（国发〔2007〕15 号）要求建立健全项目节能评估审查和环境影响评价制度。加快建立项目节能评估和审查制度，组织编制《固定资产投资项目节能评估和审查指南》，加强对地方开展“能评”工作的指导和监督。

5）《国务院关于进一步加强节油节电工作的通知》（国发〔2008〕23 号）要求强化固定资产投资项目节能评估和审查。按照《中华人民共和国节约能源法》的要求，尽快出台固定资产投资项目节能评估和审查条例，将节能评估和审查作为项目审批、核准或开工建设的前置条件，未通过节能评估和审查的，一律不得审批、核准或开工建设。

6）《建设部关于贯彻〈国务院关于加强节能工作的决定〉的实施意见》（建科〔2006〕231 号）中明确建立新建建筑市场准入门槛制度。对超过 2 万 m^2 的公共建筑和超过 20 万 m^2 的居住建筑小区，实行建筑能耗核准制度。

《国务院关于印发“十三五”节能减排综合工作方案的通知》（国发〔2016〕74 号）提出了我国“十三五”期间节能减排工作的主要目标，即到 2020 年，全国万元 GDP 能耗比 2015 年下降 15%，能源消费总量控制在 5072tce 以内。全国化学需氧量、氨氮、二氧化碳、氮氧化物排放总量分别控制在 2001 万 t、207 万 t、1580 万 t、1574 万 t 以内，比 2015 年分别下降 10%、10%、15%和 15%。全国挥发性有机物排放总量比 2015 年下降 10%以上。

综合来看，我国各项法规中的要求，具有以下作用：第一，是实现项目从源头控制能耗增长，增强用能合理性的重要手段。依据国家和地方相关节能强制性标准、规范及能源发展政策在固定资产投资项目审批、核准阶段进行用能科学性、合理性分析与评估，提出节能降耗措施，出具审查意见，可以直接从源头上避免用能不合理项目的开工建设，为项目决策提供科学依据。第二，是确保节能降耗目标实现，落实节能法规政策制度的有力支撑。开展固定资产投资项目节能评估和审查工作，建立相关制度和办法是促进“十一五”规划节能目标实现、落实《国务院关于加强节能工作的决定》和《中华人民共和国节约能源法》等中央重要战略部署及法规政策中相关规定的重要保障。第三，是贯彻国务院投资体制改革精神，改进政府宏观调控方式的具体体现。在《国务院关于投资体制改革的决定》中，要求对投资项目从维护经济安全、合理开发利用资源和保护生态环境等方面重点进行核准把关，固定资产投资项目节能评估和审查制度是贯彻落实国务院投资体制改革精神、转变和改进政府宏观监督管理职能的具体体现。第四，是提高固定资产投资效益，促进经济增长方式转变的必要措施。开展固定资产投资项目节能评估和审查，严把项目能源准入关是提高固定资产投资项目能源利用效率、促进产业结构调整、能源结构优化的重要举措。

3. 节能价值评价方法

（1）政策导向判断法

根据国家及地方的能源发展政策及相关规划，结合项目所在地的自然条件及能源利用条件对项目的用能方案进行分析评价。

（2）标准规范对照法

对项目应执行的节能标准和规范进行分析与评价，特别是强制性标准、规范及条款应严格执行。此种方法适用于项目的用能方案、建筑热工设计方案、设备选型和节能措施等方面的评价。项目的用能方案应满足相关标准规范的规定，项目的建筑设计、围护结构的热工指标、采暖及空调室内设计温度等应满足相关标准的规定；设备的选择应满足相关标准规范对性能系数及能效比的规定；明确企业是否按照相关标准规范的规定采取了适用的节能措施。

（3）专家经验判断法

利用专家在专业方面的经验、知识和技能，通过直观经验分析的判断方法。该法适用于项目用能方案、技术方案、能耗计算中经验数据的取值和节能措施的评价。根据项目涉及的相关专业，组织相应的专家，对项目采取的用能方案是否合理可行、是否有利于提高能源利用效率进行分析评价；对能耗计算中经验数据的取值是否合理可靠进行分析判断；对项目拟选用节能措施是否适用及可行进行分析评价。

（4）产品单耗对比法

根据项目能耗情况，通过项目单位产品的能耗指标与规定的项目能耗准入标准、国际国内同行业先进水平进行对比分析。此种方法适用于工业项目工艺方案的选择、节能措施的效果及能耗计算评价。如果不能满足规定的能耗准入标准，应全面分析产品生产的用能过程，找出存在的主要问题并提出改进建议。

（5）单位面积指标法

民用建筑项目可以根据不同使用功能分别计算单位面积的能耗指标，与类似项目的能耗指标进行对比。如果差异较大，则说明拟建项目的方案设计或用能系统等存在问题，然后可根据分品种的单位面积能耗指标进行详细分析，找出用能系统存在的问题并提出改进建议。

（6）能量平衡分析法

能量平衡是以拟建项目为对象的能量平衡，包括各种能量的收入与支出的平衡，消耗与有效利用及损失之间的数量平衡。能量平衡分析是根据项目能量平衡的结果，对项目用能情况进行全面、系统的分析，以便明确项目能量利用效率，能量损失的大小、分布与损失发生的原因，以利于确定节能目标，寻找切实可行的节能措施。

（7）坚持节能评估和审查的前置性

以上评估方法为节能评估通用的主要方法，可根据项目特点选择使用。在具体的用能方案评估、能耗数据确定、节能措施评价方面还可以根据需要选择使用其他评估方法。对未按规定取得节能审查批准意见和未按规定提交节能登记表的固定资产投资项目，发展改革部门不予审批、核准。

7.4.3 节能产品的认证机构

中国节能产品认证机构由中国节能产品认证管理委员会（简称“管理委员会”）和中国节能产品认证中心（CECP）两部分组成。管理委员会由国家质量技术监督局授权，国家经济贸易委员会牵头组建，是国家对节能产品实施认证的唯一最高权力机构。管理委员会由国家经济贸易委员会、国家发展和改革委员会、科学技术部和环境保护部等有关经济综合部门及节能产品生产、使用部门和相关科研院所的16位领导和专家组成，具有广泛的代表性和权威性。

CECP 是管理委员会领导下的负责组织、管理和实施节能产品认证的第三方认证机构，具有独立的法人地位，行政挂靠于国家质量技术监督局中国标准研究中心。CECP 坚持严肃的工作态度、严明的工作纪律、严格的工作要求。以标准为准绳，以事实为依据，客观、公正、科学地实施节能产品认证，维护中国节能产品认证的权威和信誉。不以营利为目的，注重社会效益，保证不受任何可能干扰认证结果公正性的因素影响。奉行“公正科学、严谨求实、热忱守信、优质高效”的质量方针，积极寻求合作，努力推进节能技术进步，促进节能产品健康发展，竭诚为企业服务。积极倡导节约能源、保护环境，为中国经济乃至全球经济可持续发展做出贡献。

7.5 节能产品认证的政策支持体系

7.5.1 相关法律法规

1998年，我国依据《中华人民共和国节约能源法》建立了中国节能产品认证制度，成立了中国节能产品认证管理委员会和中国节能产品认证中心（现已并入中国质量认证中心），颁布了《中国节能产品认证管理办法》和节能产品认证标志，正式启动了中国的节能产品认证工作。

（1）《中华人民共和国节约能源法》相关法律规定

《中华人民共和国节约能源法》第十八条明确规定，企业可以根据自愿的原则，按照国家有关产品质量认证的规定，向国务院产品质量监督管理部门或者国务院产品质量监督管理部门授权认可的认证机构提出用能产品节能认证申请，经认证合格后，取得节能产品认证证书，在用能产品或者其包装上使用节能产品认证标志；第二十七条规定，生产用能产品的单位和个人，不得使用伪造的节能产品认证标志或者冒用节能产品认证标志；第四十八条规定，违反第二十七条规定，使用伪造的节能产品认证标志或者冒用节能产品认证标志的，由县级以上人民政府管理产品质量监督工作的部门责令公开改正，没收违法所得，并处违法所得1倍以上到5倍以下的罚款。

（2）《中国节能产品认证管理办法》相关法律规定

第十四条规定，对未通过认证的产品由中心向企业发出认证不合格通知书，说明不合格原因。

第二十一条规定，在认证证书有效期内，凡有下列之一者，暂停企业使用认证证书和节能标志：

1）监督检查时，发现通过认证的产品及其生产现状不符合认证要求；

2）通过认证的产品在销售和使用中达不到认证时的各项技术经济指标；

3）用户和消费者对通过认证的产品提出严重质量问题，并经查实的；

4）认证证书或节能标志的使用不符合规定要求。

第二十五条规定，通过认证的产品出厂销售时，其产品达不到认证时的短期技术经济指标的，生产企业应当负责包修、包换、包退，给用户或消费者造成经济损失或造成危害的，生产企业应当依法承担赔偿责任。

（3）《节能低碳产品认证管理办法》相关法律规定

为了提高用能产品及其他产品的能源利用效率，改进材料利用，控制温室气体排放，应对气候变化，促进绿色低碳循环发展，根据《中华人民共和国节约能源法》和《中华人民共和国认证认可条例》等法律法规，我国相继设立了节能产品、可再生能源和低碳产品等认证制度。

2013 年 3 月，国家发展和改革委员会和国家认证认可监督管理委员会共同发布《低碳产品认证管理暂行办法》。根据此办法，我国建立统一的低碳产品认证制度，实行“统一的低碳产品目录，统一的标准、认证技术规范和认证规则，统一的认证证书和认证标志”，以规范低碳产品认证活动，引导低碳生产和消费，促进我国低碳产业发展。该办法还同时规定了从事低碳产品认证、检测活动的机构及人员的资质条件，明确了实施程序、监督管理要求和相关法律责任。

2014 年 5 月，国务院办公厅印发《2014-2015 年节能减排低碳发展行动方案》。方案明确要求，积极推行市场化节能减排机制，推行能效标识和节能低碳产品认证。方案提出，整合节能和低碳产品认证制度，制定节能低碳产品认证管理办法，将实施节能认证的产品由 117 类扩大至 139 类，强化对认证结果的采信。

2015 年 10 月，国家发展和改革委员会、国家质量监督检验检疫总局联合发布《节能低碳产品认证管理办法》，建立了国家统一的节能低碳产品认证制度，分为节能产品认证和低碳产品认证两种认证形式，认证证书和标志的有效期为 3 年。根据该办法，国家发展和改革委员会、国家质量监督检验检疫总局、国家认证认可监督管理委员会会同国务院有关部门建立节能低碳产品认证部际协调工作机制，共同确定产品认证目录、认证依据，促进认证结果的社会采信。

7.5.2 政策支持

（1）节能产品认证政策概述

国务院和国家有关部委为此专门出台了一系列配套的法规、价格和税收等鼓励扶持性政策。2004 年 12 月，财政部、国家发展和改革委员会联合下发《节能产品政府采购实施意见》（财库〔2004〕185 号文），将节能产品认证列入了《节能产品政府采购清单》。另外，节能产品认证还纳入中国名牌产品的评选条件，国家开始实施节能产品优先采购政策。仅 2006 年，全国节能、节水产品政府采购金额达 672.5 亿元，占同类产品政府采购金额（1008.6 亿元）的 66.7%。2007 年 7 月，国务院办公厅下发了《关于建立政府强制采购节能产品制度的通知》，2007 年 12 月，财政部、国家发展和改革委员会将空调、打印机、显示器、坐便器和水嘴等 9 类产品列为政府强制采购节能产品，政府强制采购节能产品制度正式实施。2008 年 4 月，下达《国务院办公厅关于建立政府强制采购节能产品制度的通知》。2011 年 6 月 21 日，财政部、国家发展和改革委员会出台《节能技术改造财政奖励资金管理办法》。

此外，国家财政部、国家发展和改革委员会又下发了《关于调整节能产品政府采购清单的通知》（财库〔2009〕10 号）等，这些配套政策对节能产业的发展具有积极而深远的意义。在高效照明产品的财政补贴方面，“十一五”期间，国家采用财政补贴的方式推广 1.5 亿只节能灯投标产品均需获得节能产品认证。目前，首批 5000 万只节能灯采购计划已经下达。2008 年 6 月，《国务院关于印发节能减排综合性工作方案的通知》下发，强调要加大节能产品认证管理力度，推动节能产品认证。对空调机、计算机、打印机、显示器及复印机等办公设备和照明产品、用水器具，在政府采购清单中，由同等优先采购改为强制性采购高效节能产品。

节能产品认证还纳入了中国名牌产品评选加分条件中。在申报中国名牌产品的过程中，获得节能节水产品认证的产品将获得不同程度的加分。2008 年，评选中国名牌的加分比例达到 15 分，较 2007 年的 10 分又增加了 5 分。另外，在商务领域的节能产品认证方面，根据国家节能减排工作总体安排和商务部的要求，中国商业联合会和中国质量认证中心定期发布《全国商务领域节能产品目录》，2008 年度、2009 年度已成功发布了两批节能产品目录，共有近千家企业积极参与申报，有 400 家企业生产销售的 42 类、2197 个型号的产品编入目录。

（2）政府节能采购

政府机构作为一个特殊的消费群体，在产品市场链中举足轻重。充分运用政府采购的杠杆作用，可以促进节能产品的推广应用，因而政府节能采购工作得到了各国政府的高度重视。目前，日本、澳大利亚、美国、德国、瑞典、丹麦、瑞士、韩国和墨西哥等国家都在积极推行节能产品政府采购工作。1997 年韩国总理签署的“推进政府机构节能”行政令中要求，所有的政府机构必须选用高效节能产品。澳大利亚规定联邦政府采购的办公设备必须满足美国“能源之星”技术水平。美国 1989 年颁布的《政府采购法》、1992 年颁布的《能源政策法令》都规定联邦政府必须采购节能性能在同类产品25%以上的产品。1999年克林顿发布的“加强节能管理，创建绿色政府”总统令、2001 年修订的《政府采购法》进一步规定，联邦政府采购的耗能产品必须是“能源之星”认证或联邦能源管理办公室指定的节能产品；凡涉及用能产品的服务采购，包括公共建筑的设计、建造、改建或维修，供应商必须提供“能源之星”或其他节能产品。目前，美国共有 45 种产品列入节能产品政府采购目录，针对每种产品制定了具体的节能采购指南，及时向 3500 余名采购人员发放，并在联邦能源管理办公室网站上公布。

我国政府也高度重视政府采购在推广普及节能认证产品、促进节能技术进步中的作用。2004 年，财政部、国家发展和改革委员会联合出台了《节能产品政府采购制度》，要求各级政府机构应优先采购列入节能清单的产品，其中，节能清单依据中标认证中心的“节字标志”的认证结果进行编制。2006 年，财政部和国家环境保护部联合发布《关于环境标志产品政府采购实施的意见》，并公布了第一批政府绿色采购清单，要求采购机构在同等条件下优先采购环境标志产品。2007 年，《国务院办公厅关于建立政府强制采购节能产品制度的通知》（国发办〔2007〕51 号）进一步明确提出建立政府强制采购节能产品制度。2007 年 12 月，财政部会同国家发展和改革委员会公布了新的节能产品政府采购清单，节能品种类由原来的 18 类 4770 种扩大至 33 类 15 087 种。其中，空调机和计算机等 9 类产品被确定为首批政府强制采购节能产品，这标志着政府强制采购节能产品制度正式实施。2009 年 2 月公布的第五期清单已增加至 23 大类和 34 小类，同年 9 月的第六期清单则进一步扩充至 27 大类和 38 小类，无论是在种类上还是范围上都有明显提升。从 2013 年 1 月公布的最新节能产品清单来看，虽然分类技术的改进导致产品的大类有所减少，但小类却增加至 48 个，可以发现，节能产品种类和范围的覆盖面进一步增加。

我国节能产品政府采购主要采取两种方式：一是优先采购。对列入优先采购清单的品目，在评分过程中给予清单产品一定的加分优惠。二是强制采购。对列入强制采购清单的品目，要求参与竞争的供应商必须提供清单内的产品。例如，各期清单中，只要标有★号的就属于强制采购，只能在这些标号的范围内采购。

（3）节能产品补贴

推行节能产品政府补贴，是提高公众节能意识、转变消费观念和消费模式、增强消费者购买力、促进节能技术进步、加快建设节约型社会的重要措施，受到了各国政府的高度重视。从国外来看，欧盟、美国、澳大利亚、新西兰和韩国等国家和国际组织在不同程度上实施了节能产品政府补贴。2001 年欧盟 15 国用于节能的补贴及税收减免等近 300 亿欧元，其中，财政资金为 82 亿欧元。美国《能源政策法令》规定，联邦及州政府应开展节能产品政府补贴项目，要求联邦政府 2006～2010 年每年向能源部拨款 5000 万美元用于节能产品专项补贴。根据产品的种类不同，节能产品的补贴额度从几美元到几百美元，甚至上千美元不等，如加利福尼亚州对通过“能源之星”认证的洗衣机补贴 75 美元/台，电冰箱补贴 75～125 美元/台，节能灯补贴 5～7.5 美元/只。2001 年美国 40 个州政府对高效照明产品的补贴预算经费为 5000 万美元。澳大利亚和新西兰由联邦和地方政府承担补贴资金，开展节能产品的推广。韩国通过节能服务公司为低收入家庭免费安装高效照明产品。

就我国而言，近年来国家发展和改革委员会与 UNDP 合作，利用 GEF 通过中国绿色照明工程促进项目组织了高效照明补贴示范项目，通过大宗采购、合同能源管理、需求侧管理和质量承诺等方式，在 10 个省份和铁路系统推广了 120 万只节能认证高效照明产品，产品寿命期内节电 2.2 亿 kW·h，减排二氧化碳 6.5 万 t，二氧化硫多于 1950t。在示范项目的带动下，北京市和上海市等地方政府也拨出专款，实施高效照明产品补贴项目，已取得阶段性成果，为节能产品补贴工作奠定了良好的基础。

2007 年，财政部、国家发展和改革委员会下发了《高效照明产品推广财政补贴资金管理暂行办法》（财建〔2007〕1027 号），标志着我国节能产品财政补贴工作已正式启动。为扩大消费需求，提高能源利用效率，2009 年 6 月，国家发展和改革委员会、财政部正式启动“节能产品惠民工程”（“节能产品惠民工程”指通过财政补贴方式对能效等级在 1 级或 2 级以上，包括高效照明产品、新能源汽车、空调、冰箱、洗衣机和电机等十大类高效节能环保产品进行推广应用），是目前中国支持节能环保产业发展的最主要的财政补贴政策。

另外，国家也在 2009 年开始实行通过财政补贴政策率先使用节能和新能源汽车。为进一步扩大国内需求，拉动绿色消费，促进节能减排，从 2012 年 6 月起，中央财政又加大了对空调、平板电视、电冰箱、洗衣机、热水器五类高效节能家电的补贴力度。截至 2013 年初，中央财政已拨付补贴资金 122 亿元，推广五类节能家电 6500 多万台，拉动消费需求超过 2500 亿元，节能家电补贴推广政策取得显著效果。

（4）税收减免

对节能产品减免部分税收，是国外提高能源利用效率和普通居民节能意识的重要措施之一。例如，美国布什政府 2001 年对新建的节能住宅和高效建筑设备等都实行减免税收政策。在此基础上美国各级州政府还根据当地的实际情况，分别制定了地方节能产品税收减免政策，如美国俄勒冈州规定，凡在认证的节能电器产品目录之内的洗碗机、洗衣机和水加热设备等家用电器，根据产品节能效果及产品价格相应的减税额度为 50～200 美元。

从我国来看，《国务院关于加强节能工作的决定》（国发〔2006〕28 号）明确要求，国家发展和改革委员会要会同有关部门抓紧制定《节能产品目录》，对生产和使用列入《节能产品目录》的产品，财政部、税务总局要会同有关部门抓紧研究提出具体的税收优惠政策，报国务院审批。

对节能产品实施的税收优惠政策主要体现在企业所得税、消费税、车船税及车辆购置税等。企业在购置并使用符合规定的环境保护和节能节水等专用设备时，该设备 10%的投资额可以从企业当年的应纳税额中抵免，并具有 5 年结转抵免期；为促进节约能源、使用新能源的汽车，从 2012 年开始对节约能源的车船减半征收车船税，对使用新能源的车船，免征车船税；2014 年 9 月 1 日至 2017 年 12 月 31 日，对符合相关条件的纯电动汽车、插电式（含增程式）混合动力汽车、燃料电池汽车免征车辆购置税。2015 年 5 月，为促进节约能源，鼓励使用新能源，国家出台了《关于节约能源 使用新能源车船税优惠政策的通知》规定，对符合条件的纯电动商用车、插电式（含增程式）混合动力汽车、燃料电池商用车等使用新能源的车船，免征车船税；对符合条件的 1.6L（含）以下的燃用汽油、柴油的乘用车（含非插电式混合动力乘用车和双燃料乘用车）及燃用天然气、汽油、柴油的重型商用车（含非插电式混合动力和双燃料重型商用车）等节约能源车船，减半征收车船税。

（5）贷款优惠

仍以美国为例，美国一些贷款机构提供“能源之星”抵押贷款服务，居民在购买“能源之星”认证的建筑时均可向这些银行申请抵押贷款。此外，这些贷款机构还采取诸如返还现金和低利息等措施刺激居民购买“能源之星”认证住宅、申请节能住宅抵押贷款。抵押贷款项目的实施，不仅有效促进了节能建筑的建设和开发，降低了建筑物的能耗和维护运行管理费用，更重要的是，还带动了墙体、屋面保温隔热技术的发展，刺激了建材市场，增加了就业机会，促进了美国社会经济的发展。

（6）其他措施

2006 年 7 月 21 日，中国名牌战略推进委员会发布 2006 年第 3 号公告，公布《2006 年中国名牌产品评价通则》（简称《通则》），对 2006 年中国名牌产品的评价做了明确而翔实的规定，并特别向节能产品进行了倾斜。《通则》规定，将名牌评价分为资格的审查、数据的审查、评价打分、提出建议名单 4 个阶段。其中，在评价打分阶段，如果该产品获得节能产品认证，将会有 15 分的加分。

7.6 节能产品认证的节能减排成效

节能产品认证制度的节能减排效益显著。从 20 世纪 90 年代开展节能产品认证工作到 2009 年底，节能、节水、可再生能源产品认证已颁发了有效证书 9000 多张，涉及企业 1000 余家，产品型号/系列超过 30 000 个。经过对已开展认证数量较大的 26 种节能产品、6 种节水产品、3 种可再生能源产品进行测算后得出结论：2009 年，通过相关资源节约认证的获证产品可实现节约能量为 538 亿 kW·h、节水量为 47.6 亿 t、替代能源量为 79 亿 kW·h。

2010～2014 年获证产品累计实现节能量折合标准煤为 1.83 亿 t，减少二氧化碳排放为 4.57 亿 t。在第一批低碳产品认证目录的四大类产品中，以资源消耗多、环境负荷大的水泥行业为例，水泥工业是基础原材料工业，也是二氧化碳排放大户，水泥行业生产排放的二氧化碳约占我国工业生产二氧化碳排放总量的 20%，2014 年，我国水泥产量约为 15 亿 t，理论分析按照水泥行业的现有水平，通过低碳产品认证的企业可确定每生产 1t 水泥约减少 45kg 的二氧化碳，按低碳产品认证占总量的 50%来测算，每年至少可以减排约 3375 万 t 二氧化碳。

开展节能认证工作，有助于提高行业技术水平，促使生产企业生产高效能的产品，降低能耗。据估计，如果我国空调器平均能源效率提高 10%，则每年新购买的空调器能节约电力约为 30 亿 kW·h，节电的潜力非常可观。节约电能不仅降低用户的费用和减少燃料资源的开采，更重要的是，减少火力发电厂 CO_2 的排放，进而抑制温室效应的加剧，有益于环境的保护。

7.7 节能产品认证发展面临的主要问题及其政策建议

从节能产品认证工作自身看，尽管我国节能产品认证工作获得了较快的发展，但节能认证产品的种类还较少、节能认证企业数也不太多，还不能在社会上形成规模优势。节能产品认证标志的知名度还有待于进一步提高。

目前我国在节能监管方面缺少有效的节能激励政策和措施。随着市场经济的深入，政府相关政策的调整和变动，原有的部分与节能相关的激励政策措施或已失效或已废止，现有的节能政策、措施在针对性、专一性、协调配套性和可操作性等方面与市场经济的要求存在不同程度的不相适应。适应市场经济的长效节能战略管理既要充分重视市场的作用，建立良好的节能机制，也要从企业的利益出发，明确各自的责、权、利，配套制定相应的财政激励措施。

为此，首先，一方面，我们要采取切实可行的战略措施迎接各种挑战，促进我国节能产品认证工作的快速健康发展，充分发挥节能产品认证在促进市场转型中的作用；另一方面，要加强国际协调互认的研究工作，在进一步巩固和扩大前期研究成果的基础上，充分利用与国外一些同类节能产品认证机构之间已经建立的良好合作关系，进一步探讨研究中国节能产品认证标志与其他国际同类标志之间协调互认的可能性，消除国际贸易中的绿色壁垒，为我国产品更好地进入国际市场创造条件。

其次，产品节能认证的结果，需要社会各个层面的宣传、推广、采信与应用，政府部门的相关扶持政策是至关重要的。财政部有关负责人也指出，节能产品应纳入政府采购的范围。目前越来越多的品节能认证结果得到采信，通过财政和税收等货币激励手段得到支持，节能认证工作的前景是非常广阔的。

最后，在今后的产品节能认证工作中，我们应该坚持节能技术规范制定的原则，参照国际上通行的做法，扩大产品品种范围，加强技术储备，对我国节能产品认证已经取得的良好效果给予更有力的保护和支持，适应节能认证市场的发展需求，推动产品节能认证在节能减排工作中发挥更大的作用。

参 考 文 献

北京市发展和改革委员会. 2008. 节能减排培训教材：节能管理与新机制篇. 北京：中国环境科学出版社.

陈安国. 2010. 论能源新形势下的我国节能认证活动. 当代经济管理，32（7）：47-51.

梅成建. 2012. 我国产品节能认证基本模式. 中国农机化，（5）：45-46+57.

史兆宪. 2013. 能源与节能管理基础. 北京：中国标准出版社.

闫志强. 2015. 我国升级节能低碳产品认证. 质量探索，11：14.

殷亚红. 2013. 节能产品政府采购的现状及思考. 中国财政，（17）：54-55.

于秀玲. 2008. 企业节能减排简明读本. 北京：中国环境科学出版社.

余洪斌. 2011. 中国节能产品认证研发项目管理研究. 成都：西南交通大学硕士学位论文.

周湘梅，刘立波. 2009. 能源管理体系的建立与运行. 北京：中国标准出版社.

朱培武，蒋建平. 2010. 我国用能产品能效标准及标识现状研究. 家电科技，（9）：52-53.

中国标准化研究院. 2012. 中国用能产品能效状况白皮书（2011）. 北京：中国质检出版社.

左辉霞. 2010. 开展产品节能认证 推动低碳经济发展. 中国建材科技，（S2）：65-68.

第 8 章 电力需求侧管理

8.1 电力需求侧管理的概念

电力需求侧管理（demand side management，DSM）指电网公司、项目执行者、电力用户在完成同样电功能的前提下，通过政府政策法规的支持和激励措施的实施，共同促进终端用电效率的提高和用电方式的优化，共同追求最佳的社会效益和经济效益，从而实现以最小的电力服务成本获得电力资源规划的优化及环境的改善。

DSM 是能效管理机制之一，其基本内容如下：

1）提高效率。通过技术、经济、行政及引导等手段来鼓励用户使用节能高效的设备，以及使用节能技术改变用电方式。

2）负荷管理。通过技术、经济、行政及引导等手段激励用户调整负荷曲线，在电力峰荷时降低电力需求，在电力低谷时增加电力需求，使负荷曲线趋于平缓，提高电力系统供电负荷率，减少系统供电容量。

3）能源替代、余能回收及新能源开发。能源替代指使用其他能源的成本效益比大于使用电能的成本效益比时，可以考虑用其他能源代替电能；余能回收指用户回收余能和发电，从而提高电能利用效率，减少电力系统的负荷；新能源开发则是鼓励电网公司开发清洁、可持续发展能源，如太阳能发电、风力发电和潮汐能发电等。

DSM 运营模式的发展方向：

1）需方响应（demand respone，DR）模式。根据美国能源部的定义，DR 指终端用户根据电力价格波动或其他激励方式，在市场价格较高或系统稳定性受到威胁时调整其行为以减少电力消费、降低负荷。即用户根据实际电价的波动调整自身某时段的用电量。需求响应分为两种，一种是分时电价机制，另一种是补偿激励机制。

2）合同能源管理模式。EPC 指节能服务公司与电网公司为提高能源利用效率而签订节能服务合同，节能服务公司提供节能服务，用能单位根据节能效益向节能服务公司提供报酬的市场运作模式。

3）清洁能源发展机制（clean development mechanism，CDM）。CDM 由《京都议定书》确立，指发达国家通过运用资金和技术在发展中国家实施温室气体减排项目，产生的减排量用于抵消这些发达国家温室气体减排义务，从而实现双赢的效果。

4）智能电网技术。智能电网技术指运用先进的信息技术，建立一个完整的信息系统和基础设施体系，准确、实时、快捷、方便地获取每个用户终端电表的信息情况，以便于进行用电监测、区域供电负荷预测、电费结算及电损监测等，使每一个节点和用户得到监控，实现信息和电能的双向流动。

8.2 电力需求侧管理的发展及现状

8.2.1 国外电力需求侧管理的发展及现状

1973 年，第四次东欧战争爆发，石油输出国组织（Organization of the Petroleum Exporting Countries，OPEC）对支持以色列的美国等西方国家和日本实施石油禁运，第一次石油危机爆发。紧接着，伊朗伊斯兰革命又引发第二次石油危机，世界各国对能源问题给予极大关注，电力需求侧管理也在此背景下应运而生。目前，世界上已有 30 多个国家和地区实施了电力需求侧管理。国际能源署报告显示，自从 20 世纪 70 年代石油危机以来，发达国家通过提高能效减少了 50%以上的一次能源消费量。在人均能源消费量基本没有增加的情况下保证了经济和社会的发展。

（1）美国

电力需求侧管理这一理念起源于美国。1975 年，美国联邦政府出台《公众电网公司管制法》（PURPA）和《全国节能法》（NECPA）两个法案，指出电网公司有义务促进终端用户进行节电，并向用户最低成本的能源服务。1984 年，美国电力研究学院副院长克拉克.W.盖林斯提出了 DSM 的概念。美国公用事业联合在此期间也组建了一个能效委员会，正式推行综合资源规划，DSM 作为综合资源的主要内容随之得到更多推广，形成了以电网公司为主题的运行机制。20 世纪 80～90 年代，美国已有 31 个州运用综合资源管理方法规划电力系统，运用 DSM 技术推动用户节能节电，500 多家电力公司引入 DSM 项目，削减峰荷为 29GW[①]。1996 年，美国设立“公益计划基金”，实行征集系统效益费的制度，确立了新的融资体制，之后开始进行市场化改革。由于对改革的不确定性认识，美国一度出现 DSM

① 1GW=10 亿 W。

投资下降。2011，美国 DSM 项目已实现节电为 87GW·h（彭靖里等，2013），整体呈增长趋势（图 8-1）。美国在融资、能效、机制和政策等方面对 DSM 做了大量研究。其运作模式主要分为电力公司主导、中介机构主导和政府主导三种。其具体实施措施如图 8-2 所示。

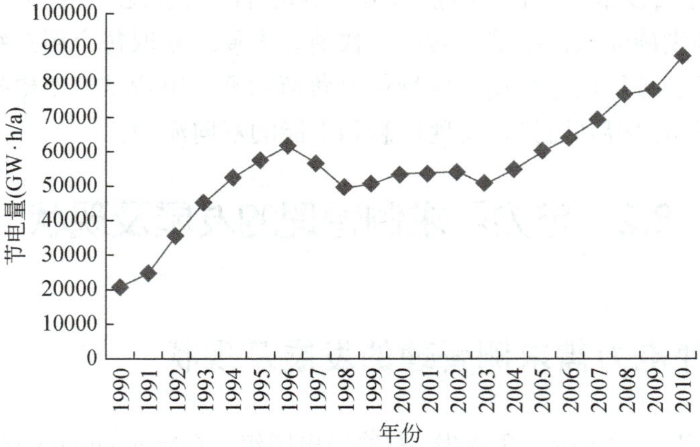

图 8-1　1990～2010 年美国 DSM 项目节电量

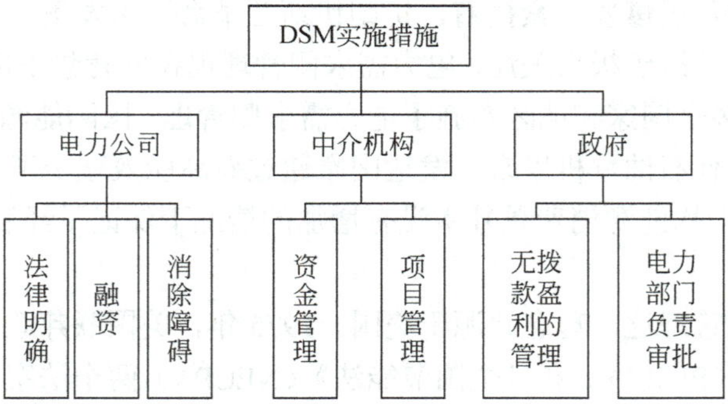

图 8-2　美国 DSM 具体实施措施

（2）加拿大

加拿大针对不同的用户采取了不同的电力需求侧管理措施。对工业用户，进行需求侧管理的信息支持和金融鼓励。例如，安大略电力公司对每移峰 lkW 的项目一次性补助 400 美元/a；每节电 1kW·h，每年补助 10 美元，实施 DSM 后，安大略电力公司每年节电力为 140 万 kW，节电量为 14 亿 kW·h。对商业用户，电力公司对采用节能型灯管给予补助。对居民用户，电力公司主要协助政府制定建房节能标准，并对照明用电采用同商业用户一样的鼓励标准（图 8-3）。

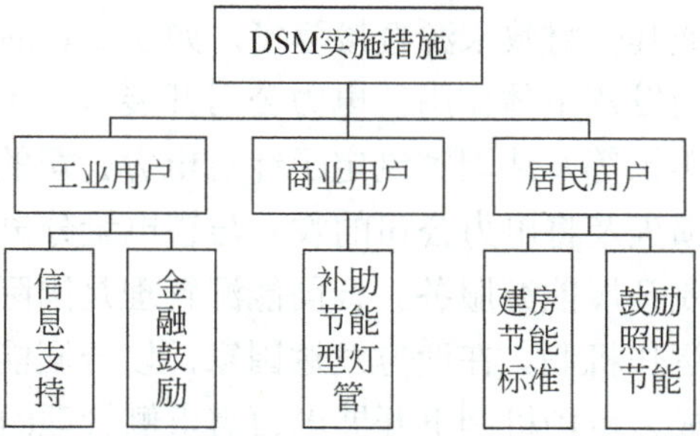

图 8-3 加拿大 DSM 具体实施措施

（3）德国

德国的需求侧管理技术在要求打破电力垄断、鼓励自由竞争的背景下逐渐推行和实施开来（图 8-4）。一方面，联邦政府在推行需求侧管理技术方面起着重要的推动和诱导作用。一是修改、完善《能源法》，引入市场竞争机制，为电力公司推行需求侧管理创造条件；二是促进能源市场的自由化，使德国的能源市场与整个欧洲的能源市场接轨。另一方面，电力公司在推行电力需求侧管理中发挥了积极的作用。做得较好且具有代表性的是位于黑森州的黑亚克电力公司。

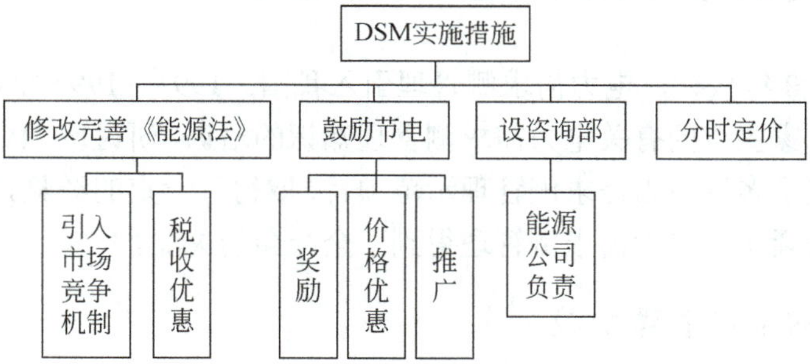

图 8-4 德国 DSM 具体实施措施

8.2.2 电力需求侧管理发展的国际经验

对国外开展电力需求侧管理发展的实践进行总结，不难发现以下经验：

一是出台相关法规政策。发达国家制定法规强制要求电力公司实施电力需求侧管理，通过立法对发电厂污染物排放提出更高的要求，并对主要用电产品制定能效标准和能效标识制度。

二是建立经济激励机制。发达国家出台减免税收、低息贷款、财政资助和电价激励等经济政策支持电力需求侧管理的开展。美国应用最普遍的激励政策是系统效益收费，它是按一定比例附加于所有电力用户电价上的费用。此外，一些国家政府通过公益基金或其他财政来源直接筹资，如新西兰的节能基金。

三是鼓励电力公司发挥主体作用。电力公司开展节电工作往往对其经济利益有负面影响，为此，美国等发达国家制定了针对电力公司的激励措施，包括补偿电力公司减少售电的损失及将电力公司的收入与售电量分离。

四是通过市场机制开展能源服务。合同能源管理是国际上一种先进的能源管理模式和市场化节能运作机制。在西方发达国家，以合同能源管理方式运作的节能服务公司已经发展成为市场机制下开展电力需求侧管理的重要力量。

五是引导终端用户参与。发达国家非常注重引导和鼓励电力用户积极参与电力需求侧管理，常用的激励措施包括电价激励和直接经济激励。电价激励包括分时电价、季节电价、非峰电价及节电电价等。直接经济激励则是通过向用户提供现金补助、回扣、低息或无息贷款等优惠措施减少用户购买节能设备所需的一次性支出。

8.3 国内电力需求侧管理的发展概况

8.3.1 国内电力需求侧管理的发展及现状

20 世纪 90 年代初，电力需求侧管理引入我国。1991～1995 年，我国举办了多次由国际专家主讲的有关电力需求侧管理知识的培训、研讨班。1996～2000 年，各地先后开展了多种电力需求侧管理示范项目，取得了一定的经验。2002 年以来，随着电力供需紧张，电力需求侧管理得到了全社会的关注。

1. 传统的节电管理阶段

在国家节能方针政策的指引下，各级政府部门建立以“三电办”为主体的节电机构，重点加强和完善用电单耗及用电负荷管理，发展高效节电设备，以及推广节电新技术等。据不完全统计，仅 1984～1993 年，我国通过推行各种节电技术措施和加强用电管理节约用电量约为 1000 亿 kW・h。

2. 推进电力需求侧管理阶段

20 世纪 90 年代初，电力需求侧管理受到中国政府和电力部门的高度重视。随着电力供需紧张，21 世纪以来，中国开展了电力需求侧管理试点研究和示范工程建设、宣传培训和节电调荷技术推广应用等工作。

（1）制定政策

中央层面，出台《电力需求侧管理办法》进行总体规范，出台《有序用电管理办法》，明确了限电、保电顺序。地方层面，10 多个地区出台了电力需求侧管理实施细则；20 多个省份制定了峰谷电价、季节性电价、尖峰电价和丰枯电价等需求侧电价；近 10 个地区建立了专项资金；出台了《电网企业实施电力需求侧管理目标责任考核方案（试行）》，制定了“电网企业电力、电量年节约 0.3%”的任务。2013 年以来，共组织了 3 次电网企业考核并公布了考核结果。

为落实国家能源生产和消费革命战略（2030）及推动“互联网+智慧能源”工作的部署，加快推进工业领域电力需求侧管理工作，促进工业企业科学、安全、节约、智能用电，实现以较低电力消费增长创造更多工业增加值产出，国家制定了《工业领域电力需求侧管理专项行动计划（2016－2020 年）》。总体目标是通过五年的时间，组织全国万家工业企业参与专项行动，千家企业贯彻实施电力需求侧管理工作指南，打造百家电力需求侧管理示范企业，进一步优化电力资源配置，提升工业能源消费效率，到 2020 年，实现参与行动的工业企业单位增加值电耗平均水平下降 10%以上。

（2）组织开展试点

2005 年起开展广东能效电厂项目、河北能效电厂项目；2012 年，开展电力需求侧管理城市综合试点，北京市、苏州市、唐山市、佛山市承诺 2013～2015 年累计削减高峰负荷 283 万 kW，包括能效电厂项目和需求响应项目，开展了包括国家 863 计划项目等课题研究。推动电网公司建立节电服务体系，结合城市综合试点、智能电网发展，从电能服务企业、电网企业、地方政府、国家层面开展在线监测与服务等电力需求侧管理平台建设。通过这些工作，70%以上的缺口通过有序用电措施得到弥补，最大转移用电高峰负荷 1600 万 kW。

推进电力需求侧管理，不仅需要政府部门积极引导，也需要电力公司发挥实施主体作用，如原国家电力公司成立了“电力需求侧管理指导中心”。还需要电力用户积极参与，以冶金、石化、建材、化工、纺织、机械和医药等行业为代表的大中型电力用户是中国电力需求侧管理工作的落脚点。

8.3.2 我国电力需求侧管理发展的特点

从能源利用现状看，我国能源消费总量和单位 GDP 能耗明显高于发达国家水平。据 2016 年《BP 世界能源统计年鉴》显示，中国仍是世界最大的能源消费国，占全球消费量的 23%和全球净增长的 34%，能源消费增长 1.5%。目前，我国能源利用总效率约为 32%，相比于世界 10%的平均水平存在较大差距。

从电网负荷特性看，我国节约用电和移峰填谷潜力很大。我国幅员广阔，气候等自然条件及产业结构不同造成电网负荷特性不同，如南方电网中的广东省日最高负荷一般出现在 19：00 左右，而云南省、贵州省最高负荷要推迟 1h 左右，错峰潜力明显。若采用增加发电装机的方法来满足这部分高峰负荷是很不经济的。因此，加强对我国各地区、各产业的负荷特性的研究，充分利用各地区的峰谷差、时间差，发挥电力系统联网特性，削峰填谷，电力需求侧管理工作的效益可以更加充分地显现出来。

我国电力需求侧管理的实施措施具体如下：

（1）技术措施

1）改变用户用电方式。通过负荷管理技术来实现，它根据电力系统的负荷特性，以削峰、填谷或移峰填谷的方式将用户的电力需求从电网负荷的高峰期削减，转移或增加在电网负荷的低谷期，以改变电力需求在时序上的分布，减少日或季节性的电网高峰负荷，起到调整负荷曲线的目的。

2）提高终端用电效率。提高终端用电效率通过改变电力用户的消费行为，采用先进的节能技术和高效的设备来实现，根本目的是节约用电、减少用户的电量消耗。提高终端用电效率的措施多种多样，主要包括选用高效用电设备、实行节电运行、采用能源替代、实行余热和余能的回收、采用高效节电材料、进行作业合理调度及改变消费行为等几个方面。

（2）经济措施

电力需求侧管理的经济措施是通过一定的经济措施激励电力用户主动改变消费行为和用电方式，减少电量消耗和电力需求，包括电价制度、免费安装服务、折让鼓励、借贷优惠和设备租赁鼓励等方式。

（3）政策措施

电力需求侧管理的法律措施指通过政府颁布的有关法规、条例来规范电力消费和电力市场行为。2002 年，国家经济贸易委员会颁布《关于推进电力需求侧管理工作的指导意见》，将电力需求侧管理作为保证电力供应和促进电力可持续发展的一项重要内容。2003 年，国家电网公司印发《国家电网公司关于加强电力需求侧管理的实施办法》，指出开展电力需求侧管理需要政府、电网企业、用户、用电设备制造单位和有关中介服务机构共同参与，共同努力。根据《中华人民共和国电力法》《中华人民共和国节约能源法》和《中华人民共和国电力供应与使用条例》等法律法规，国家发展和改革委员会、工业和信息化部及财政部等六部门制定《电力需求侧管理办法》。2016 年，工业和信息化部发布《工业领域电力需求侧管理专项行动计划（2016—2020 年）》，行动计划指出，到 2020 年实现参与行动的工业企业单位增加值电耗平均水平下降 10%以上。

（4）宣传措施

宣传措施形式多样，包括普及电力需求侧管理知识讲座、传播电力需求侧管理信息、开展电力需求侧管理咨询服务、开办电力需求侧管理及节能技术讲座、举办电力需求侧管理及节能产品展示和宣传电力需求侧管理政策等。电力需求侧管理的宣传主要有以下两个重点：

1）积极宣传电力需求侧管理常识。利用新闻媒体和短信平台等各类载体，宣传推广电力需求侧管理和节电常识，引导全社会确立科学合理的用电理念，从而提高全社会主动节电意识。

2）大力宣传电力需求侧管理政策措施。发挥政府网站和新闻媒体优势，通过经济报道、专家访谈、政策解读和案例分析等形式对国家电力需求侧管理相关政策、措施进行宣传介绍，对各类电力需求侧管理技术产品及应用案例进行宣传推广，提高全社会开展电力需求侧管理的认知度和参与度。

8.4 电力需求侧管理的政策支持体系

8.4.1 相关纲领性文件

（1）国家层面

1991～1995 年是电力需求侧管理引入中国的初始阶段，期间我国举办了多次由国际专家主讲的有关电力需求侧管理知识的培训、研讨班，为电力需求侧管理开展工作进一步开展做了充分准备。2000 年，国家经济贸易委员会、国家发展和改革委员会印发《节约用电管理办法》，其中就电力需求侧管理做了规定。2002 年，国家经济贸易委员会颁发了《关于推进电力需求侧管理工作的指导意见》和《关于做好工业领域电力需求侧管理工作的指导意见》，就推进全国特别是工业领域的电力需求侧管理工作提出指导性意见。

2004 年，国家发展和改革委员会和国家电力监管委员会联合发布的《加强电力需求侧管理工作的指导意见》进一步推进电力需求侧管理在我国的运用，该意见要求各地方组织制订有关电力需求侧管理的法规、政策、标准和规划，并积极筹措资金，目的是缓解当年夏季用电高峰期部分地区电力紧张的矛盾。2008 年，受雪灾影响，国务院办公厅发布关于《加强电力需求侧管理实施有序用电的紧急通知》，发挥了电力需求侧管理在抢险救灾方面的积极作用，要求必须采取以煤定电、以电定用、有序用电、节约用电措施，严格控制煤电需求。

2010 年，国家发展和改革委员会与国家电力监管委员会等六部委印发了《电力需求侧管理办法》，规定了电力需求侧管理的管理措施和激励措施，要求各地方制定年度电力电量节约指标，并加强考核。2011 年，国家发展和改革委员会制定颁布了《电网企业实施电力需求侧管理目标责任考核方案（试行）》，确保实现《电力需求侧管理办法》中规定的电力电量，并详细说明具体照操作方法，使 DSM 考核工作的进行有所依据。2012 年，财政部和国家发展和改革委员会联合印发《电力需求侧管理城市综合试点工作中央财政奖励资金管理暂行办法》，明确规定奖励资金支持范围和奖励资金奖励标准，支持范围包括建设电能服务管理平台、实施能效电厂、推广移峰填谷技术和开展电力需求响应、相关科学研究、宣传培训及审核评估等。

2016 年 8 月，工业和信息化部办公厅颁布《工业和信息化部办公厅关于印发工业领域电力需求侧管理专项行动计划（2016－2020 年）的通知》，主要任务为制定工业领域电力需求侧管理工作指南、建设工业领域电力需求侧管理系统平台、推进工业领域电力需求侧管理示范推广、支持电力需求侧管理技术创新及产业化应用、加快培育电能服务产业五个方面。这将有利于落实国家能源生产和消费革命战略（2030）及推动“互联网+智慧能源”工作的部署，加快推进工业领域电力需求侧管理工作。

（2）地方层面

1996～2000 年，各省份为了响应国家号召，先后开展了多种电力需求侧管理示范项目。2012 年，国家提出将北京市、江苏省苏州市、河北省唐山市、广东省佛山市作为首批电力需求侧管理城市综合试点。

其中，北京市政府通过规划重点工作内容、梳理并明确了试点工作实施路径和方法，拟定出台《北京市电力需求侧管理城市综合试点工作财政奖励资金管理办法》，编制《电力需求侧管理城市综合试点财政奖励资金管理规定》和《电力需求侧管理城市综合试点财政奖励项目管理规定》有序开展电力需求侧管理工作。

苏州市政府通过开展培训班、督查指导、建设公共服务平台、规划实施电力需求侧管理项目、下达《苏州市电力需求侧管理城市综合试点实施方案》促进电力需求侧管理的完善和发展。

唐山市通过制定了资金/项目管理办法和年度工作方案、省/市联手建设电能服务管理平台、建设负荷管理项目和能效项目、推动电能服务业的发展、加强基础能力建设开展电力需求侧管理工作。另外，制定了《唐山市电力需求侧管理城市综合试点工作专项资金管理办法（试行）》《唐山市电力需求侧管理城市综合试点项目管理办法（试行）》《平台项目建设实施暂行办法》和《平台建设专项资金管理暂行办法》四个规范性文件，并在 2014 年向各界发放《电力需求侧管理工作手册》。

佛山市通过建立健全组织架构、积极筹集资金、制定项目/资金管理办法、组织开展了企业调查、平台建设、整合社会资源和宣传培训等开展电力需求测管理工作，并先后制定了《佛山市电力需求侧管理城市综合试点工程项目管理办法》《佛山市电力需求侧管理城市综合试点专项资金管理办法》。

（3）企业层面

2005 年，国家电网公布《国家电网公司电力需求侧管理实施办法》，提出电网经营企业是实施电力需求侧管理工作的主体，在各级政府主导下，将实施电力需求侧管理作为保证电力供应和促进电力可持续发展的重要内容，积极推进电力需求侧管理工作，实现企业价值与社会价值的协调统一。在 2007 年的中国电力需求侧管理国际论坛上，南方电网副总经理就南方电网电力需求侧管理的实践经验分析了新形势下电力需求侧管理的重心转变，指出电力需求侧管理在解决供电紧张问题上发挥了积极的作用，认为接下来电力需求侧管理应该从错峰、避峰和负荷控制向提高终端能效转变，管理模式要从用电管理向节能服务转变。根据国家发展和改革委员会关于《2015 年度电网企业实施电力需求侧管理目标责任完成情况》公告，国家电网公司和南方电网公司等以深化电力体制改革为契机，继续推进电力需求侧管理，引导用户节约电力电量，创新平台应用，探索需求响应，大力实施电能替代，有力保障电力供需平衡和促进资源优化配置（表 8-1）。

表 8-1　国家电力需求侧管理相关政策

类别	时间	名称	主要内容
国家	2000 年 12 月	《节约用电管理办法》	办法就节约用电管理、电力需求侧管理和节约用电技术等做了规定
	2002 年	《关于推进电力需求侧管理工作的指导意见》	国家经济贸易委员会、国家发展计划委员会就全国电力需求侧管理工作作指导意见
	2004 年 5 月	《加强电力需求侧管理工作的指导意见》	电力需求侧管理工作，要由各级政府大力推动和主导，加强规划管理、负荷管理、节电管理，大力开展宣传与培训，监管机构实施有效监管，利用经济、技术及必要的行政措施等多种手段，充分调动电网经营企业、发电企业、用户及能源中介机构等各方积极性，共同参与，共享收益，以取得最佳的社会效益和经济效益。指导意见就组织管理、规划管理、负荷管理、节电管理、宣传与培训和资金来源与使用等几个方面给出意见
	2008 年	《加强电力需求侧管理实施有序用电的紧急通知》	强调电力需求侧管理在抢险救灾工作中的重要性，要求必须采取以煤定电、以电定用、有序用电、节约用电措施，严格控制煤电需求
	2010 年 11 月	《电力需求侧管理办法》	贯彻落实国务院关于加强电力需求侧管理的要求，办法规定了管理措施和激励措施
	2012 年 7 月	关于印发《电力需求侧管理城市综合试点工作中央财政奖励资金管理暂行办法》的通知	就支持范围和奖励标准、试点方案申报和资金下达、绩效考核和监督管理等方面作了规定
	2016 年 8 月	《工业领域电力需求侧管理专项行动计划（2016—2020 年）》	计划提出通过五年的时间，组织全国万家工业企业参与专项行动，千家企业贯彻实施电力需求侧管理工作指南，打造百家电力需求侧管理示范企业，进一步优化电力资源配置，提升工业能源消费效率，到 2020 年，实现参与行动的工业企业单位增加值电耗平均水平下降 10%以上

8.4.2 激励机制

根据我国 2010 年出台的《电力需求侧管理办法》第三章内容，我国目前关于电力需求侧管理采用的激励措施主要有三种：一是电力需求侧管理所需资金来源于电价外附加征收的城市公用事业附加、差别电价收入和其他财政预算安排等；二是电力需求侧管理资金应主要用于电力负荷管理系统的建设、运行和维护，实施试点、示范和重点项目的补贴，实施有序用电的补贴和有关宣传、培训、评估费用；三是电网企业开展电力需求侧管理工作合理的支出，可计入供电成本。这从宏观层面上对电力需求侧管理激励措施进行定位，增加了企业实施电力需求侧管理项目资金来源，提高资金使用效率，降低项目运行的成本，鼓励企业实施电力需求侧管理项目。

在 2012 年发布的《电力需求侧管理城市综合试点工作中央财政奖励资金管理暂行办法》中，国家给予电力需求侧管理项目财政奖励，明确规定，对通过实施能效电厂和移峰填谷技术等实现的永久性节约电力负荷和转移高峰电力负荷，东部地区每千瓦奖励 440 元，中西部地区每千瓦奖励 550 元；对通过需求响应临时性减少的高峰电力负荷，每千瓦奖励 100 元。这从微观层面上量化了奖励机制，使财政奖励实施有所依据，鼓励企业实施电力需求侧管理项目。

激励机制的形成和实施取决于管制机构的特定目标及电力公司实施电力需求侧管理的动因。因此，现实中很多时候难以判断哪种是“最好的”激励机制。在多数情形下，应是多种机制的一个优化组合。以下是国内外各类激励机制的优缺点。

1. 电价调整机制

电价调整机制（electric revenue adjustment mechanism，ERAM）指通过监管机构核定当年电力公司的法定收入（即普通电价核调），再将当年超出或者不足的法定收入部分计入余额调整账户，在第二年通过电价调整将余额返还用户或从用户中收取不足部分。该机制使电力公司售电收入和售电量直接脱离，克服了电力公司损失售电收入的问题。但可能使电力公司对电价提高和供电服务水平下降不关心。

其类型分为三种：一是基于“投资回报率管制”的年度定期审定；二是与通货膨胀率挂钩的上限制，包括价格上限制和收入上限制；三是与燃料价格变动额挂钩的即时自动调整制（张艳馥，2007；刘树杰，2008）。具体公式表达如下：

1）投资回报率管制。

$$受管制业务准许收入=准许成本+准许利润$$

2）价格上限制。

$$当期价格水平=上期价格水平\times（1+通货膨胀率-效率因子）+调整项$$

3）收入上限制。

当年最大准许收入=上年最大准许收入×［1+（价格指数-效率因子）/100%）］+调整项

4）燃料费调整制。

电力用户的电费=［基本电价+（用电量单价±燃料费调整额）×用电量］×（1+5%消费税）

5）全额联动制（电、燃料联动）。

燃料费调整额=（发电燃料平均价格-标准燃料价格）×标准单价÷1000

2. 单位用户售电收入机制

单位用户售电收入（revenue-per-customer，RPC）机制指通过计算单个用户的法定售电收入，再乘以用户数，从而得到当年的法定收入，法定收入与当年实际收入的差额放入余额账户中，第二年通过电价调整将余额返还用户（张艳馥，2007）。其与 ERAM 共同之处在于都是收入与售电量相脱离机制，克服了电力公司损失售电收入的问题，不同之处在于 RPC 机制适用于采用历史检验年定价的管制环境中，对电力公司的管理更合理。公式表达如下：

每个用户的售电收入=检验年允许的售电收入/检验年用户数

检验年允许的售电收入＝检验年用户数×每个用户的售电收入

基本电价收入增长率＝K×用户增长率（K 近似等于 1）

3. 奖励机制

奖励机制（bounty）包括补贴机制、奖励金机制、分享净效益机制和电费账单指标机制等。其中，补贴机制（markup）指按照所增加成本的百分比为电力公司提供奖励金。由于该机制对电力公司实施那些高成本、长投资回收期的项目实施更优惠的奖励，可以克服“撇奶油”问题。奖励金机制从经济角度出发，根据电力公司 DSM 项目节省的单位电量和容量进行奖励。分享净效益机制（shared savings）的内容是根据电力公司实施电力需求侧管理的规模、数量和种类等来为电力公司提供奖励金。由于计算较为复杂，管理较困难。此种方式能促进电力公司或社会成本最小（取决于所采用的分享效益计算公式）。电费账单指标机制（bill indexing）可使电力公司售电收入与售电量之间的关系间接脱离，管理较困难，且实施效果不可预测。不过，在该机制下电力公司有可能为节约成本而降低对用户的供电服务水平。

4. 成本资本化机制

其内容主要是将 DSM 项目支出作为估价基数，并作为固定资本，在几年内回收，按比率赚取回报，该比率是根据电网企业估计的资本成本和公司自有资本及公司负债来源确定。该机制允许电力公司回收项目成本并获得奖励性回报（项目开支的 1%）。因为该机制与现有法规框架相适应，有较高的预测性。不过，该机制可能使电力公司过分增加项目成本。

5. 投资回报率调整机制

投资回报率（return on investment，ROI）调整机制将固定资产的某一百分比作为给电力公司的奖励，对股份制公司，表现为股票回报的提高。如果奖励和电力需求侧管理的净效益挂钩，那么该机制可促使电力需求侧管理成本最小化。

8.5 电力需求侧管理的技术支持体系

电力需求侧管理技术支持体系主要包含供电方和电力用户方两方面（图 8-5）。其中，供电方技术支持体系主要包括能源计量技术、电力用户负荷管理技术和电力蓄能技术；电力用户方主要包括绿色照明技术、电动机系统节能技术、建筑节能技术、新能源技术和智能电网技术。

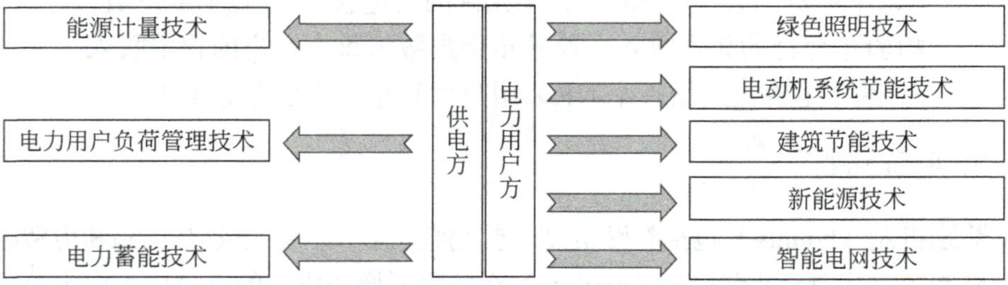

图 8-5　电力需求侧管理的技术支持体系

8.5.1　能源计量技术

我国目前能源计量相关的法律法规包括《用能单位能源计量器具配备和管理通则》（GB/T 6422—2009）《用能设备能量测试导则》（GB/T 6422—2009）《工业企业能源管理导则》（GB/T 15587—2008）。能源计量检测数据是企业能源量化管理、实现成本核算的基础，是进行节能评估的依据。

（1）冲击性负荷电能计量新技术

冲击性负荷电能计量新技术指具有周期性或非周期性、突然变化很大的负荷，如电弧炼钢炉和轧钢机等。这种负荷会造成电压闪变，产生基波、谐波、间谐波、负序甚至零序等多种不同性质的分量，甚至破坏电网稳定性。目前尚未对冲击性负荷电能计量有较为完善的解决方案，但已经有一些方法适用于冲击性负荷电能计量，如基于复化 Newton-Cotes 高阶数值积分理论的有功电能计量技术、宽量程自适应电能计量技术和基于相位匹配补偿硬件方案的电能计量技术。

（2）非线性负荷电能计量新技术

非线性负载的特点则是参数随电压或电流的变化而变化。非线性负荷包括①铁磁饱和型，如变压器和电抗器等因铁磁饱和而呈现非线性特性；②电子开关类，如整流器、逆变器、晶闸管可控开关及家用电器等；③电弧型，如电弧炼钢炉及交流电焊机等。非线性负荷会降低电网电能质量，对其他电力设备造成影响，引起过温和振动等。下面两种技术可适用于非线性负荷电能计量，即基于改进 ip-iq 算法的谐波电能检测技术和基于一元线性回归理论的信号检测技术。

8.5.2 电力用户负荷管理技术

电力需求侧管理需要供用电双方密切配合，共同实现负荷管理的目标。电力用户负荷管理系统包括以下三个层次：①负荷数据查询系统，这一系统结构简单，适用于中小型用户；②负荷集中监控系统，适用于用电规模大、电压等级稳定并且用电区域较大的角度；③用户电能量管理系统，用户侧电力负荷管理一般在企业内部建立电能量采集与管理系统，这一系统适用于大型企业。负荷管理技术是根据电力系统的负荷特性，以某种方式将用户的电力需求从电网负荷高峰期削减、转移或增加在电网负荷低谷期的用电，以达到改变电力需求在时序上的分布，减少日或季节性的电网峰荷，以期提高系统运行的可靠性和经济性。负荷管理技术主要有削峰、填谷、移峰填谷三种。

（1）削峰技术

削峰是在电网高峰负荷期减少用户的电力需求，能够提高电力系统运行的经济性和可靠性，降低平均发电成本。削峰的控制手段主要有直接负荷控制、可中断负荷控制。其中，直接负荷控制是在电网峰荷时段，系统调度人员通过远动或自控装置随时控制用户终端用电的一种方法，这一方法主要被电力供应严重短缺、大量外购峰荷电力的电网使用，并且主要用于城乡居民的用电控制。可中断负荷控制是根据供需双方事先的合同约定，在电网峰荷时段系统调度人员向用户发出请求信号，经用户响应后可中断部分供电的一种方法，这一方法适用于可以放宽对供电可靠性苛刻要求的那些“塑性负荷”，如有工序产品或最终产品储存能力的用户、有能量储存能力的用户、有燃气供应的用户。

（2）填谷技术

填谷是在电网低谷时段增加用户的电力电量需求，有利于启动系统空闲的发电容量，使电网负荷趋于稳定。常用的填谷技术措施有增加季节性用户负荷、增添低谷期用电设备、增加蓄能用电。增加季节性用户负荷措施有电网年负荷低谷时期，增加季节性用户负荷；在丰水期鼓励多用水电；以电力替代其他能源。增加低谷期用电设备措施有在夏季尖峰的电网可适当增加冬季用电设备，在冬季尖峰的电网可适当增加夏季用电设备。增加蓄能用电措施有在负荷低谷时段投入电气蓄能设备进行填谷。

（3）移峰填谷技术

移峰填谷是将电网高峰负荷的用电需求推移到低谷负荷时段，同时起到削峰和填谷的双重作用。移峰填谷的主要技术措施有采用蓄冷蓄热技术、能源替代运行、调整作用程序、调整轮休制度。蓄冷蓄热技术中的蓄冷技术是在后夜电网负荷低谷时段制冰或冷水并把冰或水等蓄冷介质储存起来，在白天或前夜电网负荷高峰时段把冷量释放出来转化为冷气空调；蓄热技术是在后夜电网负荷低谷时段，把电气锅炉或电加热器生产的热能储存在蒸汽或热水蓄热器中，在白天或前夜电网负荷高峰时段将其热能用于生产或生活等来实现移峰填谷。能源替代运行是在夏季尖峰的电网，在冬季用电加热替代燃料加热，在夏季可用燃料加热替代电加热。调整作用程序是在工业企业中把一班制作业改为二班制，二班制改为三班制，但这一方法很大程度上干扰职工的正常生活节奏和家庭生活节奏，不易被社会所接受。调整轮休制度是一些国家长期采取的一种平抑电网日间高峰负荷的常用方法，在企业之间实行周内轮休来实现错峰（图 8-6）。

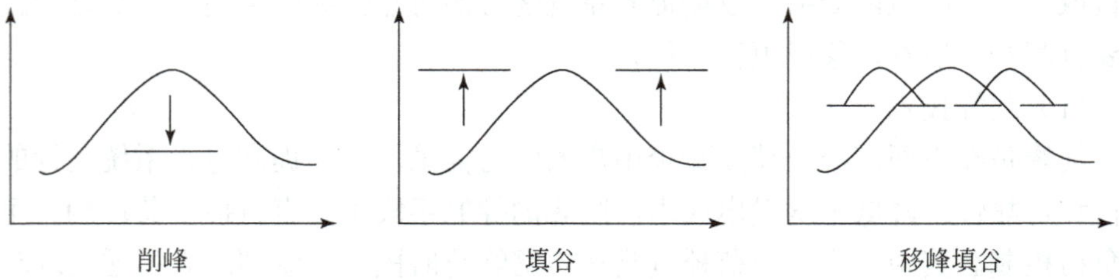

图 8-6　3 种负荷管理技术示意图

8.5.3　蓄能技术

（1）电力蓄冷蓄热技术

电力蓄冷技术是利用水的潜热（显热）以冰（低温水）的形式将冷量储存起

来，在用电高峰段将其释放，以满足建筑物的空调或生产工艺需冷量的部分，冰蓄冷空调系统的制冷设备容量和用电功率小于常规空调系统，可减少用户配电容量，一般可减少 30%～50%。

电力蓄热技术是在电网低谷时段运行加热设备对存放在蓄热罐中的蓄热介质进行加热，将电能转换成热能储存起来，在用电高峰时段将其释放，以满足建筑物采暖或生活热水需热量的部分或其中的一部分。蓄热系统的制热设备容量和用电功率小于非蓄热系统，可有效减少用户侧配电容量。

（2）抽水蓄能技术

抽水蓄能技术是通过水泵工况抽水将系统中的多余电能转化为上水水库水的势能，在系统需要时，通过水轮发电机将水的势能转化为电能。这一技术能有效调节电力系统生产、供应、使用，保持三者之间的动态平衡。抽水蓄能技术在电力系统中具有调峰填谷、事故备用、调频、调相和黑启动等多种功能。抽水蓄能比其他蓄能技术更具优势，并可以解决可再生能源的间歇性问题。

8.5.4 绿色照明技术

绿色照明指以提高照明效率、节约电力、保护环境为主要目的的照明设计、设备选型及控制方法。我国目前绿色照明推广用紧凑型荧光灯替代白炽灯；用细管三基色高效荧光灯替代粗管低效荧光灯；用新型高效高压钠灯和金属卤化物灯替代高压汞灯、低效钠灯和卤钨灯；用电子镇流器或低耗能电感镇流器替代普通高耗能电感镇流器。绿色照明设计是推动绿色照明工作的首要环节，高效光源的选用原则是高光效率高，显色指数高，使用寿命长，启动可靠、方便、快捷、无频闪，性能价格比高。

8.5.5 电动机系统节能技术

电动机系统是把电能转换为机械能的能量转换系统，它包括调速控制传动装置、电动机、被拖动机械（泵、风机和空气压缩机等机械）三大部分。对高效电动机的选用原则如下：新上项目应首选高效电动机；旧电机损坏或需要更换时，考虑选用高效电动机；电动机长期处于非经济运行状态或运行于低负荷或过负荷状态下时考虑选用高效电动机。电机系统节能分为风机节能和泵节能，其中，风机节能包括风机的更新换代；合理布置管道，减少风阻；保持叶轮的清洁；风机叶轮的加工和更换；风机的风量条件，包括送风风门控制、进风风门控制、导流器调节、风机的变速调节；泵节能包括当工艺需要增大流量时，原有的泵已不能满足流量要求时，可以将多台泵并联工作；当工艺需要的扬程增加时，则可以将泵串联运行。

8.5.6 建筑节能技术

建筑节能指建筑物在使用和建造过程中，合理地使用和有效地利用能源，提高建筑使用过程中的能源利用效率，主要包括采暖、通信、空调、照明、炊事、家用电器和热水供应等的能源利用效率，以便在满足同等需要或达到相同目的条件下，尽可能降低能耗。建筑节能主要包括墙体保温与隔热技术、屋顶保温与隔热技术、门窗节能技术、建筑遮阳技术。其中，墙体保温与隔热技术，包括外墙保温技术、外墙隔热技术，其中，外墙保温主要有外保温墙体、内保温墙体、夹芯保温墙体，外墙隔热技术主要有建筑外墙采用浅色抹灰或饰面、新型复合隔热外墙、设通风墙；屋顶保温与隔热技术包括屋顶保温技术和屋顶隔热技术，其中，屋顶保温技术主要有正置式保温屋顶、倒置式保温屋顶，屋顶隔热技术主要有增大屋顶结构的热阻、屋顶面层进行浅色处理、屋顶加铺绝热板、通风屋顶、蓄水隔热屋顶、植被屋顶、铝箔屋顶、喷水屋顶；门窗节能技术主要有框料采用导热系数小的材料、采用中空玻璃和低辐射镀膜玻璃、门窗的气密性的控制；建筑遮阳技术主要有水平遮阳、垂直遮阳、综合遮阳、挡板遮阳。

8.6 电力需求侧管理的节能减碳成效

根据国家发展和改革委员会发布的消息，“十一五”期间，电力需求侧管理在抗击自然灾害、平衡电力电量、提高电网负荷率、促进节能减排、确保电网安全和维护社会稳定等方面发挥了重要作用，带来了较大的经济、社会和环保效益。根据专家测算，2007～2009年，通过实施电力需求侧管理节约电量为900亿～1000亿kW·h，节约原煤超过5400万t，减少二氧化硫排放量约为90万t；全国70%多的电力缺口通过有序用电措施解决，转移用电高峰负荷约为1600万kW。根据国家发展和改革委员会公告，2012年国家电网公司、南方电网公司均超额完成电力需求侧管理目标任务，共节约电力为302万kW，节约电量为117亿kW·h。2013年国家电网公司、南方电网公司均超额完成电力需求侧管理目标任务，共节约电量为162亿kW·h，节约电力为344万kW。2014年国家电网公司、南方电网公司均超额完成电力需求侧管理目标任务，共节约电量为131亿kW·h，节约电力为295万kW。2015年国家电网公司、南方电网公司均完成电力需求侧管理目标任务，共节约电量为142.7亿kW·h，节约电力为327.3万kW。目前，能源局已经作了专门部署，计划“十三五”期间投入 2 万亿元加强配电网建设。

8.7 电力需求侧管理发展面临的主要问题及其政策建议

8.7.1 主要问题

（1）对实施电力需求侧管理的意义缺乏深刻的认识

电力需求侧管理工作的核心是提高用电效率。电力在社会和经济发展中起着重要的基础性作用。从可持续发展的角度出发，无论是电力紧缺还是电力过剩时期，都应该从节约资源的角度做好电力需求侧管理工作。而我国的电力需求侧管理是在缺电的形势下兴起的，很多部门将其作为特殊时期的短期工作对待，单纯依靠行政手段实施错峰、避峰，还没有意识到电力需求侧管理的真正意义。

（2）缺乏足够的法律法规支持

电力需求侧管理是社会行为，需要有法律法规的支持。国外电力需求侧管理成功的关键在于建立了法规体系，并有相应配套政策的支持，如制定电力需求侧管理的资金机制和激励机制，以及制定国家能效标准等。但目前我国与电力需求侧管理有关的只有《中华人民共和国节约能源法》和《节约用电管理办法》等少数法律法规，缺乏财政、税务和物价等相关部门的配套政策支持，可操作性不强。另外，启动电力需求侧管理项目需要较大的一次性投入，但目前我国缺乏稳定的专项资金来源，影响了电力公司和电力客户参与实施电力需求侧管理的积极性。

（3）电价结构不合理

实行峰谷分时电价是推进电力需求侧管理的核心，但现时执行的峰谷分时电价结构不合理，对用电客户移峰填谷的激励作用不大。另外，两部制电价使用面很窄，基本电价偏低，电度电价偏高，对用户激励作用不大。发达国家在两部制电价的基础上实行峰谷分时电价和季节性电价，峰谷价之比可以拉大到 8～10 倍。避峰电价是削减电网高峰负荷、改善电网负荷特性的重要手段，但这些科学合理的电价政策还没有得到广泛的应用。

（4）缺乏有力的激励政策

电网公司作为电力需求侧管理的主体，最大的问题是如何权衡供电与销售效益之间的矛盾。电网均价销售的利益由于实施分时电价可能会受到一定损失。因此，电网公司缺乏实施电力需求侧管理的积极性。由于激励机制不足，让用电客户自觉地实施电力需求侧管理存在一定难度。

（5）市场化程度低

根据新电改及能源互联网的建设需求，我国电力需求侧管理市场化进程应进一步加速，成熟市场化的电力需求侧管理才能发挥其最大作用。

8.7.2 政策建议

（1）制订和完善相关法律法规

制订和完善相关的法律法规，建立开展电力需求侧管理的常态机制。例如，美国先后出台了《国家能源政策法》及《公共事业管理政策法》等法律法规，制定了大量强制性能效标准，对电力公司与用电客户均提出了很多明确、具体的法律要求，为电力需求侧管理的开展提供了强有力的法律保障。

（2）改革和完善电价制度

采取灵活的电价政策，赋予电价必要的弹性。积极推行上网分时电价、可中断电价的试点工作，进一步扩大峰谷分时电价和季节性电价的应用范围，拉大峰谷、季节电价差距，提高电网负荷率。

（3）建立多方激励机制

政府应当通过政策引导及价格和经济等方面的手段来调动供电企业和用电客户参与电力需求侧管理的积极性。建议建立电力需求侧管理基金，由电力监管委员会管理并使用，为相关项目提供补贴。补偿供电企业因实施电力需求侧管理而造成的损失，提高供电企业推行电力需求侧管理的积极性。

（4）建立并推进电力需求侧管理市场化机制

我国电力需求侧管理市场化程度还不高，按照深化经济体制改革的要求及加快和普遍实施电力需求侧管理的客观需要，我国电力需求侧管理市场化机制建设需要进一步创新和推进。随着电力市场化改革的推进，电力需求侧管理将具有更大的发展空间。

参 考 文 献

蔡宇祥. 2013. 电子技术在绿色照明电路中的应用. 电子测试，（20）：136-137.

陈伟华，姚鹏. 2010. 电动机系统绿色节能发展探讨. 认证技术，（5）：38-39.

陈肖红. 2005. 对电网企业实施需求侧管理的激励机制研究及方案设计. 北京：华北电力大学硕士学位论文.

冯波，任鹏，张璇，等. 2014. 冲击性负荷对电能计量设备的影响分析. 河北电力技术，（3）：32-33.

顾承阳. 2012. 智能电网下电力需求侧管理应用研究. 南京：南京理工大学硕士学位论文.

郭兵. 2015. 电力需求侧管理下负荷优化管理研究. 北京：华北电力大学硕士学位论文.
郭伟，陈曦. 2013. 中国建筑节能技术标准体系现状研究. 建筑节能，(9)：61-65.
国家经济贸易委员会经济运行局. 1998. 加拿大、美国电力需求侧管理可资借鉴. 中国经贸导刊，(11)：45.
刘东旗. 2007. 开展电力需求侧管理 保护环境减少污染. 节能与环保，(12)：48-49.
刘秋华，陈洁. 电力需求侧管理. 北京：中国电力出版社，2015.
刘世永. 2016. 从低碳经济角度能源结构优化途径探索. 中国经贸导刊，(8)：11-12.
刘树杰. 2008. 市场经济国家的电价调整机制. 中国物价，(11)：3-4.
麦瑞琪. 2015. A 市电力需求侧管理应用研究. 广州：华南理工大学硕士学位论文
卿柏元，李俊健，吴晓明，等. 2010. 非线性负荷下电能计量的实用化技术探讨. 南方电网技术，33（S1)：56-59.
王建华. 2002. 绿色照明及其主要技术措施. 可再生能源，(4)：24-26.
王梅霖. 2011. 电力需求侧管理研究. 北京：北京交通大学博士学位论文.
王沁芳，范一菁，万荣娟. 2011. 建筑节能现状及建筑节能新技术. 砖瓦，(3)：37-40.
许培德. 2011. 基于电力蓄冷蓄热技术的探讨. 山东电力高等专科学校学报，14（4)：36-39.
严汉刚. 2012. 云浮市电力需求侧管理策略研究. 广州：华南理工大学硕士学位论文.
尤利亚尔 P.，邹瑜. 2011. 抽水蓄能技术的优势. 水利水电快报，32（7)：11-12.
于安宁. 2012. 变负载电动机系统的最优节能控制方法研究. 长春：东北师范大学硕士学位论文.
苑薇薇，孙成宝，金哲. 2012. 节电技术与工程及需求侧管理. 北京：中国水利水电出版社.
张相山. 2012. 关于能源计量技术保障的几点分析和探讨. 计量与测试技术，39（7)：3-4.
张艳馥. 2007. 需求侧管理（DSM）激励机制理论研究. 华北电力大学博士学位论文.
赵伟. 2013. 电力需求侧节能技术. 北京：中国电力出版社.

第 9 章　能效对标管理

9.1　能效对标管理的概念

9.1.1　概念

能效对标管理是一种科学、系统、规范的企业能源管理方法，是企业对标管理的一个重要方面，指企业为提高能效水平，与国际国内同行业先进企业能效指标进行对比分析，确定能效标杆指标，通过节能管理和技术措施，达到能效标杆指标或更高能效指标水平的能源管理活动。与开展其他对标管理类似，企业能效对标管理涉及最佳节能实践和能效度量标准两个基本要素。最佳节能实践指国际国内同行业节能先进企业在能源管理中推行的最有效的节能管理和技术措施；能效度量标准则指能真实客观地反映企业能源管理绩效的一套能效指标体系及与之相应的作为标杆用的一套基准数据，如单位产品综合能耗指针和重点工序能耗指标等。

9.1.2　类型

能效对标按照对标范围、能效标杆单位的不同，可以进行如下分类。

（1）按对标范围分类

1）全面对标。将企业整个能效对标指标体系作为对标内容的对标方式。这种对标方式在实际开展过程中，对标周期较长，工作过程较为复杂，但是效果却最显著，能够在根本上提高企业的能源利用水平。首次公开能效对标企业建议采用这种方式。

2）专项对标。将企业能效对标指标体系的一部分作为对标内容的对标方式。这种对标方式将某个或几个能效对标作为对标内容，与全面对标相比，较为方便灵活，能够在短时间内产生能源管理绩效上的收益，但无法从根本上提升企业的能源管理水平。

（2）按能效标杆单位分类

一般来说，按照企业选择的能效标杆单位的不同，可以将企业能效对标管理分为内部能效对标、竞争性能效对标、流程能效对标、行业能效对标四种类型。

1）内部能效对标。指在企业内部开展的能效对标工作，可以是企业内部能效指标的不断超越，也可以是将企业内部能源管理工作更具绩效的某一部门的做法当作其他部门学习标杆的对标方式。内部能效对标管理是最简单的对标管理，是各种能效对标管理活动的起点，可以帮助企业定义外部能效对标管理的明确范围和主题，是企业进行其他方式能效对标之前应完成的工作。其优点是分享的信息量大，内部知识能立即运用，但同时易造成封闭、忽视其他公司信息的可能性。

2）竞争性能效对标。指企业对竞争对手的能源管理方法和能效指标等进行分析，针对差距采取能效改进措施，从而实现企业自身能源管理水平提升和能效指标改进的一种对标方式。对受新技术、新方法影响较大的行业，运用竞争性能效对标是十分有效的能效对标管理办法。对企业来说，最明显的对标对象是直接竞争对手，与竞争对手对标能够看到对标的结果，因为两者有相似的产品和市场。但不足是竞争对手一般不愿透露最佳案例的信息。

3）流程能效对标。流程能效对标是将最优质的工作流程视为标准展开的一项对比标杆工作。流程对比工作拥有极强的实践性，旨在找寻出最快速、有效的操作流程，加强流程的实效性，企业利用对核心流程的完善达到业绩提升的目的。对标工作如同工作流程但并未指单一业务和操作实践。因此，对标能够跨组织开展。然而，流程能效对标工作的开展较为困难，因为其要求企业必须要对全部工作流程与操作详细地掌控。

4）行业能效能效对标。指将能效对标管理的项目与全国乃至全球范围内按照通用标准划分的行业中节能先进企业的相应项目进行对比。当企业可以从同行业中相关但非直接竞争的对手获得某些信息进行能效对标时，通常会采用这种方法。这种对标的好处是，很容易找到愿意分享信息的对标对象，因为彼此不是直接竞争对手。但现在不少大公司拒绝这样的信息交换请求，开始就此进行收费。

由于不同类型的对标的实施特征不同，对标时间、对标对象、对标结果也会有所不同。表 9-1 列出了不同对标类型的实施特征。

表 9-1 不同对标类型的实施特征

对标种类	对标时间（月）	对标对象	对标结果
内部能效对标	1～4	企业内部	重大调整
竞争性能效对标	6～12	没有	超越对手
行业能效对标	10～14	行业内的企业	重大改进
流程能效对标	12～24	业界所有行业	改变规则

9.2 国外能效对标管理的发展概况

开展能效对标活动是国际社会推动能效提高的通常做法，特别是对高能耗企业来说，因为其能耗往往占企业生产成本的50%以上，所以抓住能效对标管理也就抓住了企业绩效的核心。能效对标管理在节能方面得到了广泛的应用，美国、加拿大和一些欧洲国家均开展了能效对标管理，均取得了很好的节能效果。例如，加拿大的能效办公室为包括造纸、钢铁和水泥等工业行业制定了能效标杠及对标指南；荷兰“能效对标盟约”要求企业承诺至少到2012年成为世界能效领先者；挪威的“工业能效网络”（industrail energy efficiency network，IEEN）是一项支持政府节能目标的项目，为企业提供技术和资金支持、承担企业能源管理活动、评估企业节能潜力（包括对标活动），以支持政府的节能目标；英国的最佳能效实践项目及欧洲委员会在节能自愿协议中的企业能效对标项目，均旨在通过和最佳实践进行对比，促进企业提高能效。

在美国国家环境保护局和能源部共同推广实施的“能源之星”标准中含有水泥和汽车制造等工业行业的能效指标，以便企业对比评估其能效水平。美国“能源之星”认证得到了美国政府的大力支持，如美国政府明确要求政府必须采购“能源之星”认证的产品，并以法律形式要求联邦及各州对“能源之星”认证的产品进行补贴，刺激消费者购买节能产品。其中，美国在建筑能效对标方面的工作尤为突出。

在过去的6、7年中，美国许多地区开始积极推动建筑能效评级和公示政策的建立。纽约市在这方面走在了世界前列，许多地区随后跟进。截至目前，在州的级别上，加利福尼亚州和华盛顿州建立了针对非住宅建筑的能效评级和信息公示政策。在城市的级别上，纽约市、奥斯汀市、旧金山市、华盛顿哥伦比亚特区、西雅图市、波士顿市、费城市、明尼阿波利斯市和芝加哥市9个城市也陆续建立了类似政策。下面以加利福尼亚州旧金山市、西雅图市为例介绍美国的建筑能效对标政策。

加利福尼亚州旧金山市2010年出台的旧金山《既有商业建筑能效法令》（*Existing Commercial Buildings Energy Performance Ordinance*）在州法令基础上，提出了更严格的要求（州法令只规定业主在交易时出示能效对标结果）。旧金山市的法令除了要求面积达到929m^{2}的非住宅建筑每年进行能效对标以外，还要求非住宅建筑每五年进行一次能源审计，并向旧金山市环境保护局报送对标及审计信息。

其中，报送的审计信息包括审计时间、审计以何种方式由何人进行、投资回收期在3年以内的升级改造方案、改造所需成本和预计节能总量等。该法令规定，根据建筑面积的不同，审计标准应满足或高于《美国采暖，制冷与空调工程师学会商业建筑能源审计步骤》（*ASHRAE Procedures for Commercial Building Energy Audits*）中一级（level I）或二级（level II）要求。业主报送信息后，市政府将对对标结果进行公示。对审计情况，只公布合规情况而不公布审计细节。截至 2014 年 4 月，旧金山市环境保护局已经发布了 2011 年和 2012 年《政府建筑的能效对标总结报告》（*Municipal Buildings Energy Benchmarking Report*）。2010 年 1 月，西雅图市议会批准通过了《能效对标与报告法令》（*The Energy Benchmarking and Reporting Program，Ordinance 123226 and 123993*），要求非住宅和多家庭住宅建筑必须用“建筑集群管家”或类似工具进行能效对标，并把结果向西雅图市规划与发展部（Seattle Department of Planning and Development，DPD）上报。能源供应商应保留其服务范围内所有非住宅建筑的用能记录，并在业主同意的条件下，将这些数据以保护业主隐私的方式上传至“建筑集群管家”。业主有义务向既有租户、潜在租户、潜在购买者和融资方提供能效对标报告和评分。从事重工业或制造活动的建筑免于遵守该法令。违反法令者将可能被处以最高 2000 美元的罚款。

西雅图市能效对标及公示政策在州法令基础上对非住宅和多家庭居住建筑业主增加了向政府报告对标结果和向建筑现有租户出示对标报告的要求。在西雅图市，建筑业主可以选择自己建立账户通过“建筑集群管家”上报对标结果，也可以授权西雅图市的三家能源供应商（西雅图电力公司、普敏湾能源公司和西雅图供热公司），利用其“自动数据报告服务”直接下载数据。这三家电力公司为西雅图市供应全部电力。其中，西雅图电力公司是市属能源供应商（municipal utilities），另外两家为私有的能源供应商（investor-owned utility，IOU）。2014 年 1 月，西雅图市发布了 2011～2012 年的《西雅图建筑能效对标分析报告》（*Seattle Building Energy Benchmarking Analysis Report*）（*City of Seattle Office of Sustainability & Environment*）。在各州、市出台相关政策的同时，美国政府对环保部门的职责也进行了规定，保证了能效对标管理工作的顺利实施和推进。

旧金山市环保局应至少每年公示以下信息：①能效对标和审计情况总结②合规情况总结③每一栋建筑的合规情况、ASHRAE 审计级别、最近一次进行能效审计的时间和年度能效对标总结（其中包括年均能耗强度、“能源之星”评分和温室气体排放量等）。

法令规定旧金山市环保局对业主的信息保密。法令也根据情况对部分新建建筑、已获得“能源之星”标签或 LEED[①]认证的建筑、无人入住的建筑和有经济困

① LEED（leadership in energy and environmental design）由美国绿色建筑协会建立并于 2003 年开始推行，是一个评价绿色建筑的工具。

难的业主等做出豁免。违反法令的业主将按情节被处以警告和行政罚款。罚款将被用于补充执行这项法令产生的费用支出。

政府持有的面积达到或超过 929m^2 的建筑，必须于 2011 年月 1 日之前进行能效对标和审计，且公开发布报告。旧金山市环境保护局已经发布了 2011 年和 2012 年《政府建筑的能效对标总结报告》（*Municipal Buildings Energy Benchmarking Report*）。

9.3 国内能效对标管理的发展概况

在中国，工业能耗占全国能耗的 70%左右，而重点耗能行业又是工业能耗的主要组成部分。2007 年 9 月，国家发展和改革委员会发布了《关于印发重点耗能企业能效水平对标活动实施方案的通知》（发改办环资〔2007〕2429 号）及《重点耗能企业能效水平对标活动实施方案》（简称《实施方案》），正式启动了全国重点耗能企业能效对标活动，并对重点耗能企业能效水平进行了部署安排，支持钢铁行业、水泥行业、化工行业、有色金属行业和电力行业等行业对标指南的编制工作。省级层面上，大多数省份纷纷出台了相关政策，以促进和推动地方工业能效对标管理工作。

能效对标工作是国家发展和改革委员会十大重点节能工作之一；能效对标管理是推动企业管理变革、提高企业竞争能力的有效手段。《中华人民共和国国民经济和社会发展第十一个五年规划纲要》中提出，“十一五”期间，应显著提高资源利用效率，单位国内生产总值能源消耗降低 20%左右。2007 年 6 月，国务院发布了《国务院关于印发节能减排综合性工作方案的通知》（国发〔2007〕15 号），明确要求强化重点企业节能管理，启动重点企业与国际国内同行业能耗先进水平对标活动，提高节能管理水平。

为了推进能效对标管理活动的进行，中国在国家、省级、行业协会和企业等层面采取了一系列的措施，推动了能效对标的发展。

9.3.1 国家层面

2007 年 9 月，国家发展和改革委员会发布了《关于印发重点耗能企业能效水平对标活动实施方案的通知》（发改办环资〔2007〕2429 号）及《重点耗能企业能效水平对标活动实施方案》，明确了以“企业为主体实施、行业协会加强指导、政府引导推动”为基本原则开展耗能企业能效对标活动。并明确指出：“通过开展能效水平对标活动，重点耗能企业主要产品单位能耗、重点工序能耗大幅度下降，部分企业能耗大幅度下降，部分企业能耗水平达到同行业先进水平或国内领先水平，行业能效整体水平大幅度提高”。

2010 年国家工业和信息化部下发了《关于开展重点用能行业能效水平对标达标活动的通知》，指导各地深入开展能效水平对标达标，实施重点企业节能技术改造，积极推广先进节能生产工艺；组织开展了千家企业节能行动，选择钢铁、有色、化工、建材 4 个重点用能行业中的 13 种主要产品，以国内同类企业能效先进水平为参照值，组织开展能效水平对标达标活动，以提高企业能源利用效率和增强产品市场竞争力；编制完成钢铁、石化、有色和建材等 11 个重点行业节能减排先进适用技术目录、应用案例和技术指南，涉及 600 多项节能技术。

9.3.2 省级层面

当前，许多省份按照国家相关文件的精神，积极开展节能对标活动。

广西壮族自治区于 2007 年发布了《关于开展全区工业重点行业企业对标活动的通知》（桂经资源〔2007〕97 号），在冶金、有色、制糖和建材等行业选择了 40 户企业作为试点，分三批企业开展能效对标活动；同时还要求各市按照《关于开展全区工业重点行业企业对标活动的通知》（桂经资源〔2007〕97 号）要求，切实做好能效对标试点行业企业的指导、协调和管理工作。

2007 年 6 月，云南省政府下发了《云南省重点用能企业节能对标管理实施意见》（云政办发〔2007〕145 号）等 12 个节能降耗文件，在全省年综合能耗为 5000tce 及以上的重点用能企业开展节能对标管理活动。截至 2008 年底，云南省节能办公室组织全省年综合能耗在 1 万 tce 及以上的重点企业开展能效对标活动，省内各州、市节能部门配合、协调，共组织了四批能效对标活动启动会，450 家（2008 年统计数据）重点企业都不同程度地开展了该活动。

2009 年 2 月，北京市经济和信息化委员会会同相关政府部门在全市范围内开展重点耗能企业能效对标活动，并制定对标活动实施方案。此次活动的对象是全市范围内年耗能在 5000tce 以上的重点企业，率先在水泥、电力、饮料三个行业展开。2009 年，北京市在建材行业中选定有水泥生产许可证、且水泥年产量达到 20 万 t 以上的 10 家水泥企业开展首批北京市能效对标的试点工作。

2012 年，河北省政府编制《河北省重点用能行业能效对标指南（2012 版）》（以下简称《能效指南》），旨在引导河北省千家重点用能企业能效对标行动，提高工业整体用能水平。工业是河北省第一大用能行业，能耗占全省的 80%以上，其中，千家重点用能企业（指 1151 家年耗能在 5000tce 以上的工业企业）能耗占全省的 60%左右。《能效指南》参照国家及省能耗限额标准，依据河北省节能监察监测中心监察统计数据，经征求相关专家、企业意见，遴选了 9 个大类行业 20 个产品（工序）44 项能耗指标的国际、国内先进水平值，用于指导企业确定对标行动标杆及追赶目标值；明确了 16 个大类行业 40 个产品（工序）的 96 项能耗指标的省内先进值、18 个大类行业 56 个产品（工序）159 项能耗指标的省内平均值，用于帮助企业了解自身能效水平及在全省同行业中的位置；确定了 15 个大类行业 45 个产品（工序）172 项能耗指标准入值及 17 个大类行业 57 个产品（工序）230 项能耗指标限定值，作为各地各部门吸引投资、审批项目、制定产业政策的客观评价标准及各级节能监察机构实施节能监察的量化依据。

9.3.3 行业层面

2007 年，中国钢铁工业协会、钢铁研究总院共同承担了中国终端能效项目的“钢铁行业节能协议活动的组织和协调”子项目。为办好钢铁行业节能协议暨能效对标活动，项目组选择三家企业（太原钢铁集团有限公司、鞍山钢铁集团公司、唐山钢铁股份有限责任公司）开展了能效对标试点活动，并编制了《钢铁行业能效对标指南》。该活动的开展和行业能效对标指南的编制对钢铁行业的能效对标活动起到了促进作用。

中国有色金属工业协会按照国家有关要求加强对标工作研究。于 2008 年制定了《有色金属行业重点用能企业能效水平对标方案》，编写了《有色金属工业重点用能企业能效对标活动指南》，积极指导本行业重点用能企业开展能效水平对标活动，并成立了有色金属工业重点耗能企业能效对标专家小组。对标工作率先在铜、铝、铅、锌四个领域展开。

中国水泥协会于 2007 年 11 月启动了水泥行业能效水平对标活动，组织水泥企业进行能效对标，编制《水泥企业能效对标指南》及对标参数。通过组织试点企业的能效对标活动，推动全行业的能效对标工作。2008 年 7 月，中国水泥协会和天津水泥工业设计研究院有限公司共同编制的《水泥企业对标实施指南》已通过国家发展和改革委员会审核，并作为水泥行业开展能效对标活动的一个指导性文件进行公布。

中国化工节能技术协会为了贯彻国务院关于印发《节能减排综合性方案的通知》精神，于 2007 年底承担了石油和化学工业的能效水平对标试点工作，并选择了烧碱工业开展试点。为了保证项目的顺利开展，中国化工节能技术协会成立了项目专家工作组，收集了有关能效对标的资料，组织专家编写了《烧碱企业能效水平对标指南》。该指南主要确定了烧碱能效对标体系和能效指标的制订方法，烧碱能效对标指标体系主要是综合能效和主要工序能耗。烧碱能效对标的指标分为国际先进水平、国内先进水平、国内平均先进水平、国内限额水平。在此基础上，中国化工节能技术协会在国内选择了三家烧碱企业开展能效对标试点工作。

9.4 能效对标管理的技术支持体系

9.4.1 能效对标指标体系

确定能效对标的指标体系是企业开展对标工作的基础和依托。一套科学合理的指标体系，应该能够系统地、全面地反映所要瞄准、关注的内容和对象，应该能够涵盖影响企业总体能效水平和能源利用状况的关键因素和环节。

1. 指标体系的构建原则

一是全面性。确定的各项指标应该能够全面反映企业的能源利用状况和能效水平的总体状况，能够涵盖主要的用能工序和环节，为制定有效的、可行的、全面的改进措施和方案奠定基础。

二是独立性。各指标应相对独立，减少指标之间的耦合现象和重复现象。描述一项特定的内容和对象，应尽量选择最能反映该项内容或对象特点又不受其他指标影响相对独立的单一指标。

三是通用性。选择的指标应为业界熟悉，是行业内通用的、常用的、易于获取的指标数据。指标值的计算应遵循行业统一和通用的标准、方法和口径，便于行业内各企业之间的对比分析。

四是代表性。有代表性的指标指该指标能够反映企业整体或某一环节能源利用效率的主要方面，或者是影响能源利用效率的重要因素。

五是过程性。确定的对标指标不仅应包括主要结果指标（即最终反映能源利用状况的指标），还应包括过程性指标。过程性指标指能够反映产生最终结果的重要影响因素和中间过程的指标，是描述最终结果产生原因的指标。

2. 指标体系的构成要素

指标体系是若干指标的集合，但其内容不仅包括指标本身，还应包括与各指标相关的、满足下一步对标工作需要的其他内容。从对标工作的实践看，一个完善的、有效的、能够支持对标工作顺利开展的指标体系应至少包括如下几方面的内容和要素。

（1）指标名称、定义、统计口径、计算公式或方法

上述要素是确定一项指标的必须内容，也是开展指标对比的基础。指标定义应给出该指标在行业内的通用定义，明确指标包含的主要概念和意义等。统计口径是按行业通用规范确定的该指标各项数据统计、计算的边界，以及相应的折算系数和方法等。开展指标对比，其统计口径必须明确和一致，否则可比性和对比后的实际意义将大为削弱。指标的计算公式或方法规定了在一致的统计口径基础上计算或测量得到指标值的具体方法，为保证可比性，计算公式或方法也应做到科学、统一。

（2）指标影响因素分析

一般而言，指标的影响因素包括客观因素和主观因素。客观因素主要与外界条件和固有条件相关，是造成指标不可比的重要原因，一般应在进行指标对比时对这些影响因素进行量化剔除。当然，客观因素中也有一部分可成为制定改进措施和方案的依据，是未来进行改进提高的努力方向。主观因素主要与企业自身管理及技术装备等基础条件相关，可以通过管理流程的优化、技术装备的改造予以一定程度的改进和提高，这些因素也是进行指标对比时与先进指标产生差距的主要原因，是制定综合改进措施和方案的依据。

（3）指标的改进途径分析

企业能效对标指标有三大改进途径。一是在企业内部改进管理、优化生产和操作条件，提高运转率和生产稳定性，努力改善原燃料品质等外部因素，减少“跑冒滴漏”浪费等；二是投入资金，对重要耗能设备实施节能技术改造，提高设备的能源利用效率；三是对没有改造潜力、规模偏小的生产线和装备加快淘汰步伐，以大型先进装备予以替代，从根本上实现企业装备的大型化、现代化。从当前实际情况看，企业改进能效对标指标，应首先选择加强管理途径，其次是节能技术改造途径，最后是以先进设备替代落后设备途径。

3. 构建指标体系的方法和步骤

（1）选择指标

一般而言，能效对标指标应包括三个层面（类型）的指标。一是能够反映企业整体能源利用状况和能效水平、能够涵盖全部生产流程的指标，多用单位产品综合能耗和单位产品可比能耗等指标；二是能够反映主要工艺流程、环节或设备能效水平的指标，多用工序能耗、主体设备的能源利用效率等指标，此类指标是第一类指标的进一步细化；三是重要工序和设备等的关键性工艺参数指标，如压力、温度和烟气成分等，此类指标不是能效指标，但与某一具体工序甚至全厂的能效水平密切相关，开展第一类、第二类对标指标的差异分析往往要从此类指标入手。

（2）明确指标统计口径和计算方法

在选择、确定本行业基本对标指标系列的基础上，各行业协会应对某一项指标的定义、统计口径和范围、计算公式或方法进行统一规定。应用于对标工作中的各指标的定义、统计口径和计算方法等，最好沿用行业约定俗成的、最为行业熟悉的规定，符合国家统计原则和行业通用标准，能被行业接受。当然，需要对存有争议或分歧、模糊或界限不清的地方进行明确界定和统一规定。

（3）开展指标影响因素分析

开展指标影响因素分析的重要目的是识别指标对比中的不可比因素并将其量化，剔除这些不可比因素后得到一个可比性大大提高的基准指标。量化不可比因素，一般采用两种方法：一种是通过经验公式或设备性能试验，直接给出某种因素影响的量化计算公式；另一种是主要针对不同设备规模和工艺流程因素的影响，按不同设备规模或工艺流程分别给出基准值进行对标。

标杆的选择、确定及其资料信息的收集是当前开展对标工作的一大难点。行业协会作为对标工作的推动机构，在初期可凭借自身的技术优势和信息优势，为行业内企业提供一系列不同水平和层次的标杆基准值及最佳节能实践，供对标企业参考和借鉴。待对标工作逐步推进后，各企业再根据自身情况自行寻找、确定合适的标杆对象。当前，行业协会可分国际先进值、国内先进值和国内平均值三个等级按不同设备规模和工艺流程分别给出主要对标指标的基准值。

（4）实施指标改进途径分析

开展指标改进途径分析主要是为制定相应的改进措施和方案服务。指标改进途径分析一方面是指标影响因素分析的延续，是在对指标关键影响因素进行识别基础上，发现问题、解决问题的连续过程；另一方面，指标改进途径来自对先进企业最佳节能实践的分析，通过总结和学习先进企业在某一指标改进和提高方面的经验，结合本企业实际，归纳得到可供借鉴的改进方法、途径和措施。所有的指标改进途径汇总起来，即可得到一个可供企业选择的能效改进菜单。以此为基础，企业可制定相应的改进方案，优化管理流程，实施技术改造，逐步提高企业能效水平。

目前国内企业推行能效对标管理的实施步骤和内容与国际工商界公认的对标管理规范流程之间存在一定差距，两者比较见表 9-2。

表 9-2　国内能效对标管理实施步骤与国际规范对标管理流程之间的差异

国内企业的实施步骤和内容	国际工商界公认的规范流程与内容
1. 结合行业发展规划要求和能源审计结果，对能源利用状况和能效指标进行分析，确定“能效对标管理”内容	1. 在对影响产业发展和企业自身竞争力的优劣势等全面分析基础上，确定实施对标管理的主题和标杆学习对象

续表

国内企业的实施步骤和内容	国际工商界公认的规范流程与内容
2. 根据确定“能效对标管理”的内容，选择标杆对象企业，明确对标管理目标	2. 根据对标管理主题要求，广泛搜集标杆对象的相关信息资料，比较企业与标杆对象在绩效之间存在的差距及原因
3. 总结学习标杆对象企业在能耗管理上的先进方法、措施及最佳实践，制定改进方案和实施计划	3. 分析标杆对象产生优异绩效的最佳实践过程、方法及其措施适应性，确定企业通过学习将达到的绩效目标
4. 根据改进方案和实施计划要求，确定各项节能措施，并将这些措施及能耗降低指标分解落实到人	4. 在明确改进方向的基础上，找出缩短企业与标杆对象最佳实践之间差距的路径和方法，制定具体实施方案
5. 开展“能效对标管理”效果监测与评估，对改进方案和措施有效性进行分析	5. 将实施对标管理情况不断与最佳实践做法进行动态比较，努力达到或超过标杆对象的绩效水平
6. 总结经验，制定新的对标管理计划，调整标杆对象企业，组织开展更高层次的“能效对标管理”	6. 对企业实施对标管理的效果进行全面评判，发现新的问题和差距，组织开展下一轮对标管理活动

资料来源：彭靖里等，2013。

9.4.2 能效对标评估体系

（1）确定评估体系的结构

企业应根据自身能效对标工作的实际情况，建立多级指标的能效对标管理综合评价体系结构，下一级指标应支撑上一级指标并存在一定的关联关系。这里的评价指标应包括经济指标、技术指标和管理指标。

（2）确定所选指标的权重系数

权重系数表示某一指标对上一级指标的影响程度。权重系数的大小与目标的重要程度有关，各指标的权重系数必须根据实际情况做出合理的界定。企业能效对标指标的权重设置应突出节能与效益原则，加大相关指标权重。按过程控制原则，加大反映工作重点和难度的指标权重。按区分指标可比程度原则，降低易受外部因素影响的指标权重，权重系数的确定一般采用经验法。

（3）确定评估指标的基准值和评分标准

合理确定指标基准值是评估体系的关键。指标基准值的确定要综合多方面因素，主要包括企业近期经营业绩情况、同行业国内外企业能源利用水平的业绩、技术极限（理论极限）和政府下达的节能目标等。确定单项指标最高分和最低分的区间值，并根据指标特性，设定评分标准。评分基准分、最低分的设定可利用数理统计方式或专家评价方式来确定。

9.4.3 能效对标指标数据库和最佳节能实践库

（1）能效对标指标数据库

能效对标指标数据库实际上是在能效对标指标体系的基础上，通过企业自身的计量统计或是借助能源审计、能源平衡和节能检测等手段，将本企业的能源绩效数据收集汇总起来，同时，设法收集标杆企业的能源绩效数据，建立内容全面、翔实、准确的数据库。这样可以使企业的能源利用状况指标化、数据化，从而更加客观且细致地反映企业用能实际水平。

（2）最佳节能实践库

建立最佳节能实践库，需要企业不断总结自身在能源管理工作中的经验做法，并形成本企业能源管理方面的典型案例。同时，还要同标杆企业进行各种形式的沟通交流，获得标杆企业提升能源管理绩效的措施和方法。综合以上两方面的内容，最终提炼出最佳节能实践库。一定程度上来说，如果能效对标指标数据库是为企业提供了“发现问题”的数据，那么最佳实践库就是为企业提供了“解决问题”的方法。

9.4.4 “BMT 方法学”简介

BMT①是为重点耗能行业能效水平对标管理项目（简称能效对标管理项目）开发的工具，主要用于指导如何将对标作为管理工具来使用。包含指导手册及附件，指导企业和咨询顾问共同协助企业在现场应用对标管理，并通过提高能源利用效率、分别减少重点耗能工序和活动的能源强度，达到系统改善企业能源绩效的目的。

整个方法学包括四个部分。

第一部分是《能效对标管理方法学指导手册》（简称《BMT 指导手册》），主要用于解释整个方法学的流程，供咨询顾问使用。

第二部分是《能效对标管理工作手册》（简称《BMT 工作手册》），是《BMT 指导手册》的附件，由大量的工作表单组成，用于收集对标需要的数据，一般由企业填写。

第三部分是能效对标管理软件，用于数据填报及计算分析。

第四部分是参考手册，汇集不同行业的标杆数值及其他有关的基础信息。参考手册将放到软件的一个单独的数据库中，可以实现替换和更新功能。

9.5 能效对标管理相关法律法规

2014 年，河南省提出将“开展工业能效对标活动，实行单位能耗限额管理，

① BMT 是“对标（benchmarking）”、“监测（monitoring）”和“目标设立（targeting）”的缩写。

推广一批工业节能产品和清洁生产先进技术”作为2015年化解过剩产能，推进节能减排的重点。

2016年8月8日，国务院印发《降低实体经济企业成本工作方案》（国发〔2016〕48号），鼓励企业与国际先进企业对标，加强企业标准化建设，推进企业研发设计、物流、采购、安全生产和销售服务等管理标准化，提高运行效率。

2016年8月18日，工业与信息化部发布《深入推进新型工业化产业示范基地建设的指导意见》（工信部联规〔2016〕212号），鼓励通过多种方式加强与有关国际组织、国外园区的沟通交流与合作，提升示范基地的国际影响力。开展示范基地的国际对标，学习借鉴国际先进经验和做法。

2016年9月1日，工业和信息化部印发《工业领域电力需求侧管理专项行动计划（2016-2020年）》（工信厅运行函〔2016〕560号），要求组织实施工业领域电力需求侧管理工作指南，并适时转化为行业标准，开展贯标对标工作；开展工业领域电力需求侧管理标准体系研究，支持企业（园区）将自主领先的技术和管理模式等标准面向全行业推广，开展行业贯标对标工作；组织钢铁、有色、化工、汽车、电子和食品等重点行业开展示范推广，鼓励与示范企业对标，带动更多的工业企业实施和优化电力需求侧管理。全面推广工作指南并开展贯标对标工作——2017～2020年在工业行业组织贯彻实施工作指南，适时转化为标准并开展贯标对标工作。表9-3列出了部分国家新近关于能效对标工作的法规、文件。

表9-3 国家新近关于能效对标工作的法规、文件

法规文件	发布日期	主要内容
国务院关于加强节能工作的决定（国发〔2006〕28号）	2006年8月6日	进一步加强节能工作，加快建设节约型社会，实现“十一五”规划纲要提出的节能目标，促进经济社会发展切实转入全面协调可持续发展
节能减排综合性工作方案（国发〔2007〕15号）	2007年5月23日	明确要求，强化重点耗能企业节能管理，启动重点耗能企业与国际国内同行业能效先进水平对标活动
重点耗能企业能效水平对标活动实施通知（发改办环资〔2007〕2429号）	2007年8月18日	通过开展能效对标活动，重点耗能企业主要产品单位能耗、重点工序能耗大幅度下降，部分企业能效水平达到同行业国际先进水平或国内领先水平，行业能效整体水平大幅度提高
节能减排“十二五”规划（国发〔2012〕40号）	2012年8月6日	依法加强年耗能万吨标准煤以上用能单位节能管理，开展万家企业节能低碳行动，落实目标责任，实行能源审计，开展能效对标活动，建立能源管理师制度，提高企业能源管理水平
《计量发展规划（2013-2020年）》（国发〔2013〕10号）	2013年3月2日	加强对用能单位能源资源计量器具配备、强制鉴定的监管。开展能源资源计量审查和能效对标计量诊断等活动，培育能源资源计量示范单位

续表

法规文件	发布日期	主要内容
《2013 年工业节能与绿色发展专项行动实施方案》（工信部节〔2013〕95 号）	2013 年 3 月 21 日	加强与国际标准化组织机构合作，开展电机能效标准对标及互认
加快发展节能环保产业的意见（国发〔2013〕30 号）	2013 年 8 月 1 日	加快发展节能环保产业，拉动投资和消费，形成新的经济增长点，推动产业升级和发展方式转变，促进节能减排和民生改善
燃煤锅炉节能环保综合提升工程实施方案（发改办环资〔2014〕2451 号）	2014 年 10 月 29 日	企业要强化主体责任，要严格遵守节能环保法规标准，增加资金投入，开展能效对标，确保完成任务。中央企业和公共机构要率先垂范，树立行业标杆，发挥示范作用

9.6 能效对标管理的节能减碳成效

9.6.1 国家层面的节能减碳成效

2006 年 4 月，国家发展和改革委员会会同有关部门选取年综合能源消费量在 18 万 tce 以上的约一千家企业，启动了千家企业节能行动，目标是“十一五”期间节能 1 亿 tce 左右。千家企业能源消费量占工业能源消费量的一半，占全国能源消费量的三分之一。为了达到节能目标，国家发展和改革委员会与地方政府签订了千家企业节能目标责任书，各地分别与本地所属千家企业签订了节能目标责任书，每年组织考核，将审核结果向社会公告。千家企业均按要求编制实施了能源审计和节能规划，各地组织专家对能源审计报告集中进行审核，对不合格的报告要求企业进行整改。同时印发了《重点耗能企业能效对标活动实施方案》，部署实施能效对标活动，在钢铁、化工、水泥三个高耗能行业开展对标试点，编制了《重点耗能行业能效对标指南》。

“十一五”期间，我国开展了千家企业节能行动，通过建立能源管理体系、开展合同能源管理、节能减排监测和能效对标工作等，能源利用效率得到大幅提高。千家企业单位氧化铝综合能耗、乙烯生产综合能耗和烧碱生产综合能耗等指标下降了 30%以上，单位原油加工综合能耗、电解铝综合能耗和水泥综合能耗等指标下降了 10%以上，供电煤耗下降近 10%，部分企业的指标达到了国际先进水平。我国的供电煤耗由 370gce/kW · h 降至 333gce/kW · h，下降近 10%；吨钢综合能耗由 688kgce 降至 605kgce，下降 12.1%；水泥综合能耗下降 28.6%，乙烯综合能耗下降 11.3%，合成氨综合能耗下降 14.3%，部分企业的指标甚至达到了国际先进水平。据统计，“十一五”期间千家企业实现节能 1.5 亿 tce。

9.6.2 企业层面的节能减碳成效

能效对标有助于提高能源利用效率。中国石油化工集团公司多年来一直开展的达标活动，实质上也是一种对标活动。2006 年，中国石油化工集团公司有 10 个大类 226 套炼油装置、15 类 97 套化工装置开展了装置达标竞赛。通过深入开展达标活动，中国石油化工集团公司 34 家炼化企业 2006 年的各项技术经济指标呈现不同程度的改善。炼油板块总和商品率达到 93.49%。综合能耗为 66.89kgoe/t，低于计划目标 1.56kgoe/t，吨油完全费用为 174 元/t，同比下降 4.41 元/t。化工板块乙烯装置损失率和燃动能耗同比均有所下降。

老君庙油田开发始于 1939 年，是中国石油玉门油田的前身，油田含油面积为 23.7km^2，地质储量为 6 296 万 t，可采储量为 2 705.6 万 t。目前开油井为 920 口，日产液量为 2 950m^3，日产油量为 450t，年产能力为 16.43 万 t，综合含水为 80%。2010 年，对作业区 191 口井积极开展油田机采系统状况调查，对机采现状进行评价，探索提高机采系统效率的技术路线和优化措施，推进能效对标达标。老君庙机采节能技术改造项目组对老君庙油田具有代表性的 191 口抽油机井实施机采系统节能技术改造，并按照节能改造方法分类进行了节能效果测试评价，都有一定的节能效果。根据测试结果计算，191 口井年可节电 70.27×10^4 万 kW·h，年节约电费 35.14 万元；平均单井线损降低 0.18kW，可节电 30.1×10^4 万 kW·h，年节约电费 15.1 万元，合计年节约电费 50.24 万元。另外，平均冲次降低 1.58 次/min，可减少设备磨损和延长检泵周期，经统计，平均单井延长检泵周期 0.46 倍，若单井年检泵费用按 16000 元计算，平均单井年可节约检泵费用 7 360 元，191 口井年可节约检泵费用 140.6 万元。

9.7 能效对标管理面临的主要问题及其政策建议

9.7.1 主要问题

1）过分看重指标数据，认为对标即对数据。指标对比是对标基础，但不应将注意力局限于具体数值的对比上。指针数据之间的对比不是根本目的，而只是工作的第一步，其目的是找到差距、分析原因和改进提高；单纯进行指标数据对比、热衷从数据到数据的对标活动只能是对标理念的简单应用，抓不住指标背后的深层次因素，使工作停留于表面。

2）将对标指标局限于能耗指标。从多个行业对标试点工作情况看，大部分行业确定的对标指标均为能耗（单耗）指针，全工厂层面的是单位产品综合能（电）耗，工序层面的是某工序单位产出量综合能（电）耗等，而对某些关键性的工艺参数指标和操作指标很少涉及。不可否认，当前我国能效对标工作处于起步阶段，需要循序渐进，不能一蹴而就，指标体系的完善是一个长期的过程。

3）对标指标数目设置不合理。指标数目过少，则对标线条太粗，难以发现深层次的问题和产生差距的原因，不利于制定有针对性的改进方案，对标工作可能浅尝辄止、流于形式；指标数目过多，则增加了收集数据、建立数据库的难度，可能会使工作难以顺利开展，同时也不可避免地出现指标重复、互相耦合的现象，应科学合理地设置指标数目。

4）能效指标体系可比性不强。由于行业产品众多、生产工艺复杂和原料路线不同等因素影响，能效指标可比性较差，不利于企业分析和寻找差距。

5）不可比因素的量化分析缺失。当前开展的各行业能效对标试点工作，大多只开展了对指标不可比因素的定性分析，量化分析还没有开展。当然，开展不可比因素的量化分析，需要大量的数据和细致的测算分析，目前大部分行业还不具备这样的条件。

此外，由于国家相关部门对标数据每季度才公布一次，缺乏时效性，对标管理的优越性不能充分体现。加之目前。

9.7.2 政策建议

（1）制定能效对标行业指南

制定主要耗能行业（包括化工、有色金属、钢铁、纺织、煤炭和造纸等）的行业能效对标指南，指导企业充分利用指南开展能效对标活动，推动企业调整产品结构，加快节能技术改造，强化节能管理，降低能源消耗。

（2）建立能效对标资金支持机制

国家和地方节能主管部门每年应从节能资金中安排一定资金，采取补助和奖励等方式，积极支持对标企业节能技术改造。对企业能效对标过程中形成的重点节能技术创新和改造项目给予信贷支持，扩大其融资渠道。

（3）建立能效对标监管体系

各行业协会应组织企业开展与国内外同行业能效先进企业的对标交流，组织专家审核企业提交的指标数据、分析报告。各省份节能主管部门应督促企业及时并如实报告对标指标和分析报告。加强节能监测监管，充分发挥节能监测监管对能效对标的促进作用。针对企业能源利用监测和监察中发现的能源浪费和节能管理薄弱环节，节能执法机构在提出限期整改建议时，指导和督促企业通过实施能效对标提高能源利用水平。

（4）建立能效对标奖惩制度

对标指标值完成情况好的企业给予奖励，对能效对标活动业绩突出、能效指标先进的企业给予表彰，并在全国和地方性媒体上进行宣传报道，发挥对标先进企业的典型示范和辐射作用。对未完成对标指标的企业，要求其上报所在地省级节能主管部门，限期整改；一律不得参加年度评奖、授予荣誉称号，不给予国家免检等扶优措施；年内对其新建高耗能投资项目和新增工业用地暂停核准和审批。

参 考 文 献

郭日生，彭斯震. 2011. 工业能效水平对标管理工具与实践. 北京：科学出版社.

国家发展和改革委员会资源节约和环境保护司. 2009. 重点耗能行业能效对标指南. 北京：中国环境科学出版社

何燕. 2009. 重点耗能行业能效对标管理政策建议. 环境科学导刊，28（6）：27-29.

楼振飞. 2016. 能源大数据. 上海：上海科学技术出版社.

彭靖里，陈建华，段万春. 2013. 对我国推进能效对标管理的竞争情报分析及思考. 情报探索，（9）：54-58.

史兆宪. 2010. 能源与节能管理基础（下）. 北京：中国标准出版社.

田建伟，陈海红，李志忠，等. 2013. 企业能效对标管理标准化研究. 标准科学，（10）：22-26.

田黇，夏宝东，杨青，等. 2014. 国际对标工作实施策略探讨. 经济管理，（23）：90-91.

王晓华，黄中一. 2006. 对标管理的应用思考. 装备维修技术，（2）：2-4.

熊华文，周伏秋，刘静茹. 2008. 浅谈能效对标指标体系的建构与应用. 中国能源，30（11）：27-31.

中华人民共和国工业和信息化委员会. 2010. 关于开展重点用能行业能效水平对标达标活动的通知. 北京：国家工信委，2-3：9-12.

中控科技宁波研究院. 2011. 能效对标的实践. 宁波节能，（4）：25-26.

自资源保护协会. 2014. 用对标与公示撬动建筑节能市场——纽约等城市国际经验的启示.